普通高等教育机电类系列教材

机械基础

主　编　高志慧
副主编　边宇枢　于靖军
参　编　郭卫东　赵宏哲　吕胜男

U0256768

机械工业出版社

本书较全面地对机械基础相关知识进行介绍，主要内容包括机械零件常用材料、机械制图基础、机构的组成原理与常用机构、机械传动、连接、轴和轴承。

为了便于学习，每章开始都给出了"内容提要"和"学习目标"，以引导学生高效学习。同时，在每章中间设置了"课堂讨论"，希望通过讨论环节，加深学生对学习内容的理解，并培养学生的思考和思辨能力。每章结束部分设置了"本章小结"和"拓展阅读"。"本章小结"旨在对本章内容进行梳理，夯实基础知识；"拓展阅读"涉及古今中外与机械发展相关的内容，不仅可以拓展学生的知识面，而且可以激发学生对机械和科学的热情。

本书内容按照 40~50 学时编写，可作为普通高等院校非机械类专业的本科教材，也可作为高等职业院校近机械类专业的教材。

图书在版编目（CIP）数据

机械基础/高志慧主编. —北京：机械工业出版社，2022.4（2024.8 重印）

普通高等教育机电类系列教材

ISBN 978-7-111-70116-3

Ⅰ.①机… Ⅱ.①高… Ⅲ.①机械学-高等学校-教材 Ⅳ.①TH11

中国版本图书馆 CIP 数据核字（2022）第 017727 号

机械工业出版社（北京市百万庄大街 22 号 邮政编码 100037）
策划编辑：赵亚敏 舒 恬 责任编辑：赵亚敏 舒 恬 安桂芳
责任校对：王明欣 贾立萍 封面设计：张 静
责任印制：单爱军
北京虎彩文化传播有限公司印刷
2024 年 8 月第 1 版第 4 次印刷
184mm×260mm·13.5 印张·332 千字
标准书号：ISBN 978-7-111-70116-3
定价：43.00 元

电话服务　　　　　　　　　　网络服务

客服电话：010-88361066　　机 工 官 网：www.cmpbook.com
　　　　　010-88379833　　机 工 官 博：weibo.com/cmp1952
　　　　　010-68326294　　金 书 网：www.golden-book.com
封底无防伪标均为盗版　　机工教育服务网：www.cmpedu.com

前　言

机械工业是国家的支柱产业，机械学科是自然科学的重要学科。随着社会的发展和科技的进步，现代化的机械产品已经遍及工业生产和人类生活的各个角落，成为现代生产和日常生活中不可分割的一部分。二十大报告提出：培养造就大批德才兼备的高素质人才，是国家和民族长远发展大计。为了不断提升人们的生活品质，同时加快科技进步，培养具有创新设计能力和素质、具备交叉学科知识的综合型人才已成为现代教育的目标。而作为新时代的非机械类专业的大学生，为适应社会发展和工作需求，也有必要系统地学习并掌握一些必备的机械基础知识，以完善知识结构、提升自身素质。

虽然目前有很多关于机械的专门书籍，但大多都是针对机械类专业和近机械类专业的学生编写的，对于非机械类专业的学生而言，其内容偏深且专。为了满足非机械类专业学生可以在较短时间内较全面地掌握必备的机械基础知识的需求，特编写本书。

本书本着重在实用、淡化理论、够用为本的指导思想，适当控制难度，以精辟的语言阐明非机械类专业应具备的机械基础知识，力求叙述既全面又具有科学性和先进性。

本书具有以下几个特点：

1. 覆盖知识面广，涉及全面的通用机械基础知识，包括机械零件常用材料、机械制图、机械原理和机械设计的基础知识。

2. 大量应用生产和生活中的典型实例作为学习载体，以提高学生的理解能力，激发学生的学习兴趣。

3. 内容编排力求图文并茂，大量采用零部件实体图和真实图片，以提高学生对其结构的直观认识；文字表达深入浅出，简化理论推导过程，使学生易学易懂。

本书由北京航空航天大学高志慧担任主编，边宇枢、于靖军担任副主编，郭卫东、赵宏哲、吕胜男参与了主要章节的编写工作。

本书的编写得到了很多同仁的大力支持，在此表示衷心感谢！

本书的出版得到了机械工业出版社的大力支持，在此表示诚挚的谢意！

由于编者水平有限，书中错误和欠妥之处在所难免，殷切希望读者批评指正。

编　者

目　　录

第一章
绪　论

【内容提要】

　　机械基础是机械的入门课程，主要的研究对象为机器和机构。本章首先结合工程实践中典型的机器，对机器和机构的特征以及构件和零件的基本概念进行阐述；其次对机械设计的基本要求和一般设计过程进行介绍；最后对机械零件的设计要求和一般设计步骤进行说明。

【学习目标】

1. 理解机器、机构、构件和零件的概念，并能够进行区分；
2. 了解机械设计的基本要求和一般设计过程；
3. 了解机械零件的设计要求和一般设计步骤。

第一节　本课程的研究对象及其特征

　　本课程的研究对象为机械，机械是机器和机构的总称。

　　为了减轻人类工作的劳动强度和提高生产率，人类创造了各种各样的机器。机器贯穿于人类历史的全过程，在现代工程生产和日常生活中，机器已经随处可见。

一、机器及其特征

　　机器是执行机械运动的装置，用来变换或传递能量、物料和信息。例如蒸汽机、内燃机和电动机可将其他形式的能量转换成机械能，发电机可将机械能转换为电能，运输机可以传递物料，复印机可以传递信息。

　　为了剖析机器所具有的特征，首先对几个比较熟悉的机器进行分析。

　　图 1-1 所示为单缸四冲程内燃机，内燃机的作用是把燃油热能转化为机械能。该内燃机由缸体 1、活塞 2、连杆 3、曲轴 4、齿轮 5 和 6、凸轮 7 和 8、推杆 9 和 10 等组成。在燃气的推动下，活塞在气缸内做往复运动，并通过连杆使曲轴转动，从而将燃气产生的热能转换为曲轴转动的机械能。凸轮和推杆的作用是开启、关闭进气阀和排气阀。为了保证曲轴每转

两周，进气阀和排气阀各开启、关闭一次，曲轴与凸轮轴之间安装了一对传动比为1：2的齿轮。这样就可以保证当燃气推动活塞运动时各机件协调地运动，从而把热能转换为曲轴回转的机械能。

图1-2所示为颚式破碎机，它由电动机1、带轮2和4、V带3、偏心轮5、动颚板6、肘板7、杆件8和9以及定颚板10等组成。在电动机的带动下，V带3驱动带轮4转动，经偏心轮5，使动颚板6做平面运动，从而把动颚板6和定颚板10之间的物料压碎，做有用的机械功。

由内燃机和颚式破碎机两个实例可以看出，虽然这些机器的构造、性能和用途各不相同，但在组成、运动和功能方面，具有以下共同的特征：

1）是一种通过加工制造和装配而成的机件组合体。

2）各个机件之间具有确定的相对运动。

3）能实现能量的转换并做有用的机械功。

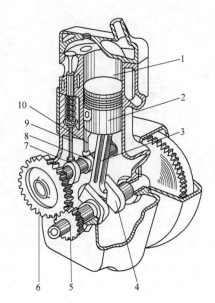

图1-1 单缸四冲程内燃机
1—缸体 2—活塞 3—连杆 4—曲轴
5、6—齿轮 7、8—凸轮 9、10—推杆

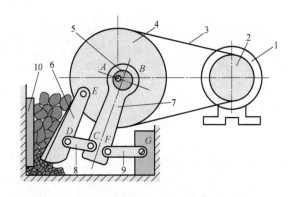

图1-2 颚式破碎机
1—电动机 2、4—带轮 3—V带 5—偏心轮 6—动颚板 7—肘板 8、9—杆件 10—定颚板

图1-1 动画

图1-2 动画

二、机构及其特征

通过对内燃机和颚式破碎机的分析可以看出，机器又可分为一个或多个由若干机件（如齿轮、凸轮、连杆、曲轴等）组成的特定组合体，用以实现某种运动的传递或变换，这种组合体统称为机构。例如在内燃机中，缸体1、活塞2、连杆3和曲轴4组成的组合体称为连杆机构，可以将往复移动转换为转动；齿轮5、6和缸体1组成的组合体称为齿轮机构，可将一个轴的转动传递到另一个轴上；凸轮7、推杆9和缸体1组成的组合体称为凸轮机构，可将一个轴的转动变换为推杆的移动。

这些能够传递或变换运动的特定机件组合体称为机构。从上述分析可知，内燃机是由齿轮机构、凸轮机构和连杆机构组成的。

机构是机器的重要组成部分，其主要功能是实现运动和动力的传递或变换。因此，机构和机器在组成和运动方面具有相同的特征，即：

1）是一种通过加工制造和装配而成的机件组合体。

2）各个机件之间具有确定的相对运动。

三、机器和机构的关系

一台比较复杂的机器可能由几种机构组成，而简单的机器可能由一种机构组成。

就功能而言，一部完整的机器，通常是由驱动装置、传动装置、执行装置和控制装置组成的，如图1-3所示。

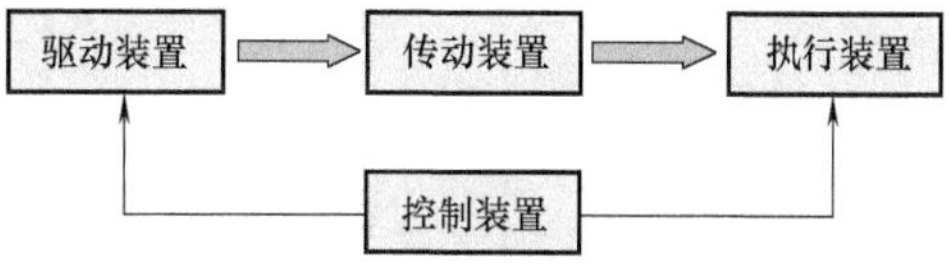

（1）驱动装置 又称为原动机，是机器的动力来源。如蒸汽机、内燃机、电动机、液压缸和气动缸等，其中电动机应用最为广泛。

图1-3 机器的组成

（2）传动装置 传动装置介于驱动装置和执行装置之间，将原动机的运动和动力传递给执行装置，并实现运动速度和运动形式的改变。如图1-2所示的颚式破碎机中，带轮2和4、V带3以及固定不动的机架组成了传动装置，用以把电动机输出的高速旋转运动变换为低速旋转运动，并传递给执行装置中的偏心轮5。

（3）执行装置 又称为工作机，是指直接完成机器功能的部分。如图1-2所示的颚式破碎机中，执行装置是由偏心轮5、动颚板6、肘板7、杆件8和9，以及定颚板10组成的部分。

（4）控制装置 其作用是控制机器各部分的运动，一般包括计算机、传感器和电气装置等。由于信息技术的飞速发展，近代机器的控制部分中，计算机系统已居于主导地位。

机器中的执行装置和传动装置由各种机构组成，是机器的主体。

机构和机器的区别在于：机构只是一个构件系统，而机器除构件系统之外，还包含电气、液压等其他装置。机构只用于传递运动和动力，而机器除传递运动和动力之外，还具有变换或传递能量和信息的功能。

本书只研究机器和机构的组成以及运动方面的问题，而不涉及机器的能量转换和做功问题。因此，在本书中，将机器和机构总称为"机械"。

四、构件和零件

构件是机构中具有独立运动的单元体，零件是组成机械结构的制造单元体。一个构件可能只包含一个零件，如图1-4所示的内燃机中的曲轴；一个构件也可能由多个零件固连而成，如图1-5所示的内燃机中的连杆，则是由轴套、连杆体、轴瓦、连杆头等通过螺栓、垫圈和螺母连接在一起的，各零件之间没有相对运动，从而组成一个运动单元，成为构件。

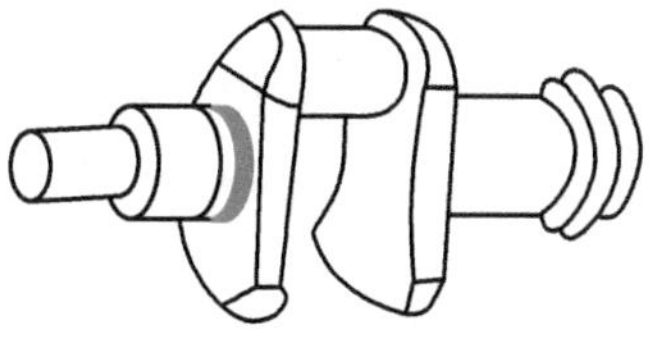

图1-4 曲轴构件

机械中的零件可以分为两类：一类为通用零件，是在各种机械中经常遇到的零件，如齿轮、轴、螺栓等；另一类为专用零件，只出现在某些机械中，如汽轮机中的叶片，内燃机中的活塞和曲轴。

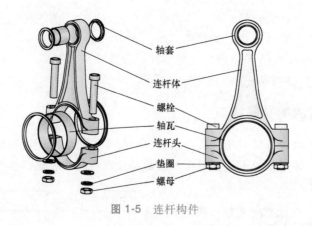

图 1-5 动画

图 1-5 连杆构件

【课堂讨论】：机器与机构有什么区别？请列举生活中见到的几个机器，并说明它们是由哪些机构组成的。

第二节 机械设计的基本要求和一般设计过程

机械设计是指规划和设计实现预期功能的新机械或改进原有机械的性能而进行的创造性工作，它是一种创造性思维活动，按照设计目标进行分析、计算、决策，并通过文字、数据、图形等信息形成机械产品的设计方案。

一、机械设计的基本要求

机械设计的基本要求主要包括以下几个方面：

1. 使用功能要求

要满足预期的使用功能要求，是机械设计的首要要求，主要包括达到预期的运动轨迹、运动速度、承受载荷的能力，以及使用的工作环境等。

2. 工作可靠性要求

要求机械在预定的工作期间能够始终正常地工作，为了实现此目标，必须选择适当的零件材料并设计适当的结构尺寸，以保证零件具有足够的强度、刚度、耐磨性、耐热性和振动稳定性，避免零件过早损坏。

3. 经济性要求

在保证工作可靠的前提下，应尽量使机械产品具有较高的性能价格比。

4. 操作要求和环境保护要求

要求使用者操作方便、省力、舒适和安全，以人为本。同时应该避免或降低机械使用过程中带来的环境污染，如噪声污染、废弃物污染等。

二、机械设计的一般过程

一个机械产品的设计过程一般可按照以下五个步骤进行：

1. 明确设计任务

根据工作需求，理解设计对象的预期功能，确定设计对象的主要性能指标和主要设计参数，编写设计任务书。

2. 确定总体设计方案

根据设计任务书的要求，确定设计对象的工作原理，拟定多个设计方案，再进行分析比较，从中选择一套最优的方案，并绘制其机构运动简图。

3. 结构设计

根据总体设计方案的工作原理和机构运动简图，进行构件的运动学和动力学分析，计算其运动参数和动力参数，并对零件进行必要的强度、刚度、耐磨性、振动稳定性计算，确定零件的材料、形状和尺寸，最后绘制总装配图和部件装配图草图。

4. 零件设计

根据确定的零件的形状和尺寸，绘制各零件的工作图，并根据定型的零件图重新绘制总装配图和部件装配图，编写设计计算说明书、工艺说明书等各种技术文件。

5. 产品试制、鉴定和定型

根据设计图样和各种技术文件，试制产品样机，并对产品样机进行试验，从技术和经济上对其进行全面评价，并反复改进，使产品渐趋完善，最后定型生产。

第三节 机械零件的设计要求和一般设计步骤

如果机械中的某个零件由于某些原因丧失正常工作能力或达不到设计要求的性能，则称该零件失效。为了保证零件在预定的工作期间能够正常工作，设计者首先需根据零件的工作条件确定零件可能出现的失效形式。

一、机械零件的主要失效形式

1. 断裂或塑性变形

零件在工作载荷作用下，出现断裂或塑性变形而导致零件不能正常工作，如螺栓断裂、齿轮轮齿根部折断、轴断裂等。断裂又分为静强度断裂和疲劳强度断裂。静强度断裂是由于静载荷过大而产生的，疲劳强度断裂是由于变载荷的反复作用而产生的。机械零件的断裂中80%为疲劳强度断裂。

2. 过大的弹性变形

机械零件在载荷作用下产生弹性变形，当弹性变形量超过许用范围时将导致零件或机械不能正常工作。

3. 零件工作表面破坏

零件工作表面破坏主要包括腐蚀、磨损和接触疲劳。腐蚀会导致金属表面产生锈蚀，从而使零件表面遭到破坏。磨损是指两个接触表面在做相对运动的过程中表面物质丧失或转移的现象。接触疲劳是指零件在变载荷作用下，表面出现破坏的现象。

4. 破坏正常工作条件而引起的失效

有些零件只有在一定的工作条件下才能正常地工作，当这些工作条件被破坏时，零件将不能正常工作。例如摩擦传动中的打滑现象，连接中的松动现象，高速转子发生共振现象等。

二、机械零件的设计准则

机械零件抵抗失效的能力，称为零件的工作能力。衡量零件工作能力的指标有强度、刚度、耐磨性、耐热性和振动稳定性等。设计零件时，需要判断零件是否具有足够的工作能力。因此，机械零件的设计准则如下：

1. 强度准则

强度是指零件抵抗断裂、塑性变形以及表面损坏的能力。设计零件时，零件需要具有足够的强度，即零件中的应力不能超过允许的极限值。

2. 刚度准则

刚度是指零件抵抗弹性变形的能力。设计零件时，应保证零件在工作载荷作用下产生的弹性变形小于或等于工作性能所允许的极限值。

3. 耐磨性准则

耐磨性是指具有相对运动的两个零件表面抗磨损的能力。磨损使零件的形状和尺寸逐渐发生变化，最终导致零件失效。为了保证零件在预定的工作期间内不会因过度磨损而失效，需要对某些零件进行耐磨性计算。

4. 振动稳定性准则

振动稳定性是指零件在周期外力作用下不发生剧烈振动的能力。振动会影响工作质量，增大机械的噪声。发生共振的零件将丧失振动稳定性，并在短时间内损坏。因此，对于高速运动的零件，应使其固有频率远离激振频率。

5. 可靠性准则

可靠度是指机械产品在规定条件下和规定时间内完成规定功能的概率。设计零件时，要求零件可靠度大于或等于许用可靠度。

三、机械零件的一般设计步骤

1）根据零件的使用要求，选择零件的类型和结构型式。

2）根据机构的运动学和动力学分析结果，计算作用在零件上的载荷。

3）根据零件的工作条件，选择合适的材料及热处理方式。

4）分析零件在工作时可能出现的失效形式，确定零件的设计计算准则，通过设计计算确定零件的基本结构尺寸。

5）进行零件的结构设计。

6）绘制零件的工作图。

7）编写设计计算说明书。

【课堂讨论】：请列举生活中遇到的零件失效的实例，并说明其属于哪种失效形式。

本 章 小 结

● 机械是机器和机构的总称。机器是执行机械运动的装置，用来变换或传递能量、物料和信息；机构是机器的重要组成部分，其主要功能是实现运动和动力的传递或变换。

- 构件是机构中具有独立运动的单元体，零件是组成机械结构的制造单元体。
- 机械设计需满足的基本要求主要包括使用功能要求、工作可靠性要求、经济性要求、操作要求和环境保护要求。
- 零件失效是指某个零件由于某些原因丧失正常工作能力或达不到设计要求的性能。机械零件的主要失效形式包括断裂或塑性变形、过大的弹性变形、零件工作表面破坏以及正常工作条件的破坏。
- 零件的工作能力是指零件抵抗失效的能力。
- 机械零件的设计准则主要包括强度准则、刚度准则、耐磨性准则、振动稳定性准则和可靠性准则。

拓 展 阅 读

◆ 机械发展史

在远古时代，人类就开始使用杠杆、轮轴、滑轮和斜面等简单机械。在数千年的生活中，人们逐渐发明了许多工具和机械，如水车、磨、扬谷器和织布机等。中华民族有很多机械方面的巧妙发明，如指南车、连发弩、地动仪、鼓风机械和走马灯等。

古代的机械是用人力、畜力和水力驱动，动力限制了机械的发展。数百年来，动力的变革推动了机械的飞速发展。18 世纪，瓦特发明了蒸汽机，给人类带来了强大的驱动力，催生了纺织机、车床等机械产品；19 世纪，内燃机和发动机的发明是动力的又一次技术变革，内燃机的出现为汽车和飞机的出现奠定了基础，电动机的出现促进了各类机床的发明和广泛应用。

动力的变革、材料的改善和制造水平的提高，使机械生产率和产品质量得到大幅提高，机器的高效率、精密化和自动化成为重要的发展趋势。20 世纪，随着计算机和伺服电动机的出现，机器人作为现代机器的代表随之出现，并且得到越来越广泛的应用，对工业技术的革新和人类生活水平的提高起到至关重要的推动作用。

中国创造：
外骨骼机器人

有关机械发展史更详实的资料可参考张策所著的《机械工程史》和陆敬严、华觉明主编的《中国科学技术史》。

思考题与习题

1-1 机器有什么特征？

1-2 机构有什么特征？

1-3 机器和机构有什么关系？

1-4 一部完整的机器，通常是由_____装置、_____装置、_____装置和_____装置组成的。

1-5 什么是构件？什么是零件？两者有什么关系？

1-6 机械设计的基本要求有哪些？试叙述机械设计的一般过程。

1-7 机械零件的主要失效形式包括_____、_____、_____、_____。

1-8 机械零件的设计准则是什么？

第二章

机械零件常用材料

【内容提要】

　　工程材料的力学性能是选择材料的重要依据。本章首先对金属材料力学性能的概念、分类以及测试方法进行介绍；其次对机械零件常用材料的元素组成、力学性能、应用的场合以及材料的选择方法进行阐述；最后对钢的几种常见热处理方法的概念和功用进行说明。

【学习目标】

　　1. 理解金属材料力学性能的概念、分类和意义；
　　2. 了解机械零件常用材料的种类、力学性能以及选择方法；
　　3. 理解钢热处理的目的，掌握常用热处理方法及其概念。

第一节　金属材料的力学性能

　　工程材料是制造机械零件的原料。机械零件的结构、形状、大小和使用条件不同，对材料的要求也不同。工程材料主要分为金属材料和非金属材料，其中金属材料应用最为广泛。选用金属材料时，通常是以材料的力学性能指标作为主要依据。

　　所谓力学性能是指金属在外力作用时表现出的性能。力学性能包括强度、塑性、刚度、硬度、冲击韧性及疲劳强度等。金属的力学性能是选用材料的重要依据，也是控制、检验材料质量的重要参数。

　　金属材料在加工及使用过程中所受的外力称为载荷。根据载荷作用性质不同，其可以分为静载荷、冲击载荷和交变载荷。

　　（1）静载荷　静载荷是指大小不变或变化过程很慢的载荷，如拉伸、压缩和剪切等。

　　（2）冲击载荷　冲击载荷是指在短时间内以较大的速度作用于零件上的载荷，如冲压和敲击等。

　　（3）交变载荷　交变载荷是指大小、方向或大小和方向随时间发生周期性变化的载荷，如齿轮工作时齿面所承受的载荷等。

根据作用形式不同，载荷又可分为拉伸载荷、剪切载荷、弯曲载荷、扭转载荷和压缩载荷等。

材料在载荷作用下将发生形状和尺寸的变化，称为变形。变形一般分为弹性变形和塑形变形。

（1）弹性变形　卸载后能够恢复的变形，称为弹性变形。

（2）塑性变形　卸载后不能恢复的变形，称为塑性变形。

一、强度

金属在静载荷作用下，抵抗塑性变形或断裂的能力称为强度。根据载荷的作用形式不同，强度可分为抗拉强度、抗压强度、抗振强度、抗剪强度和抗扭强度五种。一般情况下，多以抗拉强度作为判断金属强度高低的指标。抗拉强度是通过常温静载荷拉伸试验测定的。

1. 常温静载荷拉伸试验

常温静载荷拉伸试验是指在常温下，对光滑试验件缓慢进行轴向拉伸，同时连续测量施加的载荷和相应的伸长量之间的关系，直至断裂。根据测得的数据，即可计算出强度和塑性的性能指标。

在此用低碳钢进行试验，因为低碳钢应用广泛，同时，它在拉伸过程中所反映的力学性能具有一定的代表性。

为便于比较试验结果，须按照国家标准（GB/T 228.1—2010）加工标准试样。常用的圆截面拉伸标准试样如图 2-1 所示。试样中间直杆部分为试验段，其长度 L_0 称为原始标距；试样较粗的两端是装夹部分。

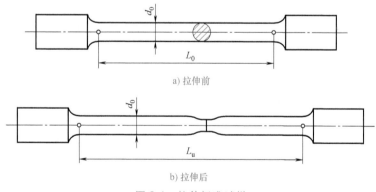

a) 拉伸前

b) 拉伸后

图 2-1　拉伸标准试样

根据试验中连续测量得到的施加载荷 F 和相应的伸长量 ΔL，绘制两者之间的关系曲线，该曲线称为拉伸图，如图 2-2 所示。

通过观察可以发现，拉伸图的形状与试样的尺寸有关，要研究金属材料拉伸时的力学性能，就必须消除试样尺寸的影响。为了消除试样横截面尺寸的影响，将拉力 F 除以试样原始横截面面积 S_0，得到拉应力 R；为了消除试样长度的影响，将变形 ΔL 除以试样原始标距 L_0，得到应变 ε，这样曲线就转变为纵坐标为 R、横坐标为 ε 的应力-应变曲线，如图 2-3 所示。

R-ε 曲线的形状与 F-ΔL 曲线相似，但与试样尺寸无关，仅反映金属材料本身的力学

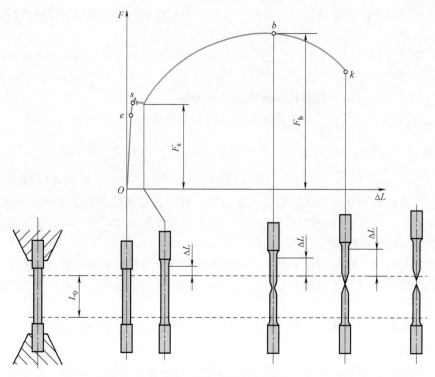

图 2-2　低碳钢的 $F\text{-}\Delta L$ 曲线

性能。

2. 低碳钢拉伸时的力学性能

由图 2-3 所示低碳钢的 $R\text{-}\varepsilon$ 曲线可以看出，低碳钢试样的拉伸试验过程大致分为以下四个阶段。

（1）弹性变形阶段 OA'　图 2-3 中 OA' 为弹性变形阶段，在此阶段，试样变形完全是弹性的，如果卸载，试样可以恢复原状。当应力超过 A' 点时，试样除了产生弹性变形外，还产生塑性变形。

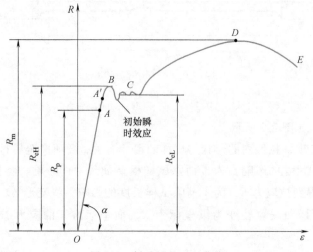

图 2-3　低碳钢的 $R\text{-}\varepsilon$ 曲线

图 2-3 中 OA 段为直线段，说明在该段内应力和应变成正比。工程中，一般均使构件在弹性范围内工作。

（2）屈服阶段 BC　　BC 段为接近水平的小锯齿形波动段。这表明，在此阶段，在应力不增加或略有减小的情况下，试样还继续伸长，材料暂时失去了抵抗变形的能力，这种现象称为材料的屈服。

（3）强化阶段 CD　　在屈服阶段以后，图 2-3 中出现上凸的曲线段 CD。这表明，若要使材料继续变形，必须不断加载。随着塑性变形的增大，试样抵抗变形的能力也增大，这种现象称为材料的强化。

（4）缩颈阶段 DE　　当加载应力达到最大值 R_m 后，试样的直径发生局部收缩，称为"缩颈"。由于试样缩颈处的横截面面积减小，故试样变形所需的载荷也随之降低，这时试样的伸长主要集中于缩颈部位，直至断裂。

工程上使用的金属材料，多数没有明显的屈服现象。有些脆性材料，如铸铁，不仅没有屈服现象，而且也不产生"缩颈"，而是弹性变形后直接发生断裂。铸铁的 R-ε 曲线如图 2-4 中实线所示。

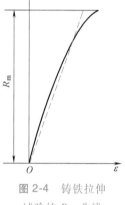

图 2-4　铸铁拉伸试验的 R-ε 曲线

3. 强度指标

（1）屈服强度　　在应力-应变曲线上，材料发生屈服现象时的应力称为屈服强度，用 R_e（MPa）表示，计算公式为

$$R_e = \frac{F_s}{S_0} \qquad (2-1)$$

式中　F_s——试样产生屈服时的载荷（N）；

　　　S_0——试样的原始横截面面积（mm^2）。

屈服强度分为上屈服强度 R_{eH} 和下屈服强度 R_{eL}。上屈服强度 R_{eH} 是试样发生屈服而力首次下降前的最大应力；下屈服强度 R_{eL} 是在屈服期间，不计初始瞬时效应时的最小应力，如图 2-3 所示。

对于高碳淬火钢、铸铁等材料，在拉伸试验中没有明显的屈服现象，测定屈服强度比较困难，为便于测量，通常将其产生塑性变形量等于试样原长 0.2% 时的应力作为材料的屈服强度或条件屈服强度，记为 $R_{p0.2}$。R_p 称为规定塑性延伸强度，$R_{p0.2}$ 表示规定塑性伸长率为 0.2% 时的应力。

机械零件在工作过程中不允许发生过量塑性变形，因此屈服强度 R_e 和规定塑性延伸强度 R_p 是工程技术上重要的力学性能指标，也是大多数机械零件选材和设计的依据。

（2）抗拉强度　　材料在拉断前所承受的最大应力，称为抗拉强度，用 R_m（MPa）表示。

$$R_m = \frac{F_b}{S_0} \qquad (2-2)$$

式中　F_b——试样拉断前所承受的最大载荷（N）。

抗拉强度 R_m 是塑性材料抵抗大量均匀塑性变形的能力。铸铁等脆性材料拉伸过程中一般不出现缩颈现象，抗拉强度就是材料的断裂强度。

断裂是零件最严重的失效形式，抗拉强度 R_m 也是机械零件设计和选材的重要依据。

4. 材料在压缩时的力学性能强度指标

金属材料的压缩试样，一般做成短圆柱体。为避免压弯，其高度为直径的 1.5~3 倍。

（1）低碳钢压缩时的力学性能　图 2-5 所示为低碳钢压缩时的 R-ε 曲线。在屈服之前，压缩曲线（图中实线）和拉伸曲线（图中虚线）基本重合，压缩时的屈服极限和拉伸时的屈服极限基本相同。进入强化阶段后，两条曲线逐渐分离，压缩曲线上升。因为应力超过屈服极限后，随着压力的增大，试样被压成"鼓形"，最后被压成"薄饼"而不断裂，所以一般无法测出低碳钢材料的抗压强度极限。

（2）铸铁压缩时的力学性能　图 2-6 所示为铸铁压缩时的 R-ε 曲线，图中虚线为铸铁拉伸时的 R-ε 曲线。由图 2-6 可以看出，铸铁压缩时的抗压强度比抗拉强度高出 4~5 倍。曲线没有屈服阶段，破坏形式为沿与轴线大约成 45°的斜截面截断，说明试样沿最大剪应力面发生错动而被截断。由此可见，铸铁材料的抗压性能远好于抗拉性能，工程中常用铸铁材料制造受压构件，而不用来制造受拉构件。

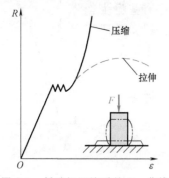

图 2-5　低碳钢压缩时的 R-ε 曲线

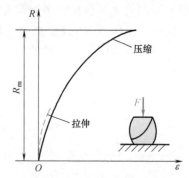

图 2-6　铸铁压缩时的 R-ε 曲线

二、塑性

断裂前金属材料产生永久性变形的能力称为塑性。塑性指标也是由拉伸试验测得的，常用断后伸长率和断面收缩率来表示。

1. 断后伸长率

断后伸长率是指试样拉断后标距的伸长量（$L_u - L_0$）与原始标距 L_0 的百分比，用 A 表示。其计算公式为

$$A = \frac{L_u - L_0}{L_0} \times 100\% \tag{2-3}$$

式中　L_u——试样拉断后的标距（mm）。

需要说明的是，同一材料的试样长短不同，测得的断后伸长率也不同。用短试样（$L_0 = 5d_0$）测得的断后伸长率 A 略大于用长试样（$L_0 = 10d_0$）测得的断后伸长率 $A_{11.3}$。经常把短试样的断后伸长率 A 作为衡量材料塑性的一个重要指标，$A > 5\%$ 的材料一般称为塑性材料；$A < 5\%$ 的材料称为脆性材料。如 Q235 钢的 A 为 25%~27%，是典型的塑性材料；灰铸铁的 A 为 0.4%~0.5%，是典型的脆性材料。

2. 断面收缩率

断面收缩率是指试样拉断处横截面面积的减少量（$S_0 - S_u$）与原始横截面面积 S_0 的百

分比，用 Z 表示。其计算公式为

$$Z = \frac{S_0 - S_u}{S_0} \times 100\% \tag{2-4}$$

式中　S_u——试样拉断后断裂处的最小横截面面积（mm^2）；

　　　S_0——试样的原始横截面面积（mm^2）。

断面收缩率不受试样尺寸的影响，能够比较精确地反映材料的塑性。

金属材料塑性的好坏，对零件的加工和使用都具有非常重要的意义。金属材料的断后伸长率和断面收缩率数值越大，表示材料的塑性越好。塑性好的金属可以容易地进行轧制、锻压、冲压等，而且所制成的零件在使用中，万一出现超载，由于能产生塑性变形从而可以避免突然断裂。同时，塑性变形还能缓和与消减应力集中，在一定程度上保证了零件的工作安全性。铸铁、陶瓷等脆性材料的塑性极差，拉伸时几乎不产生明显的塑性变形，超载时会突然断裂。

三、刚度

金属材料抵抗弹性变形的能力称为刚度。在图 2-3 所示的弹性变形阶段中，应力与相应应变的比值称为弹性模量，用 E 表示。

$$E = \frac{R}{\varepsilon} \tag{2-5}$$

弹性模量是衡量材料刚度的指标。刚度是材料最稳定的性质之一，其大小主要取决于材料本身，除随温度升高而逐渐降低外，其他强化材料的手段（如热处理、冷热加工和合金化等）对刚度的影响很小。弹性模量 E 越大，其刚度越大。一般可以通过增加横截面面积或改变截面形状的方法来提高零件的刚度。

四、硬度

硬度是衡量金属材料软硬的指标，是指金属材料在静载荷作用下抵抗表面局部塑性变形的能力。通常，硬度越高，金属表面抵抗塑性变形的能力越大，材料产生塑性变形就越困难，材料的耐磨性也越好，故常将硬度值作为衡量材料耐磨性的重要指标之一。另外，材料的硬度还与强度以及工艺性能（如切削加工性、焊接性等）之间存在着一定的关系。因此，在工程上，硬度被广泛用于检验材料和热处理件的质量、鉴定热处理工艺的合理性以及作为评定工艺性能的参考指标。

硬度的测量多采用压入法，即用一定的静载荷（压力）把压头压在金属表面上，然后通过测定压痕的面积或深度来确定其硬度。常用的硬度指标有布氏硬度和洛氏硬度。

1. 布氏硬度

布氏硬度的测定原理是用一定的载荷 F，将一定直径的硬质合金球压入试样表面，保持一定时间后卸除载荷，然后测定压痕直径，求出压痕球形的表面积，计算出单位面积上所受的压力值，将其作为布氏硬度值。布氏硬度试验示意图如图 2-7 所示。

布氏硬度用符号 HBW 表示。布氏硬度的单位（N/mm^2）习惯上不予标注，如 170HBW、530HBW。

在实际应用中，布氏硬度一般不用计算，而是用专用的刻度放大镜量出压痕直径 d，根据压痕直径的大小，再从专门的硬度表中查出相应的布氏硬度值。

因为布氏硬度压痕面积大，故测量精度较高且试验数据稳定，但不宜用于较薄的零件及成品零件的硬度检查。布氏硬度主要适用于测定未经淬火的各种钢、灰铸铁和有色金属的硬度。

一般情况下，>350HBW 的材料称为硬性材料，<350HBW 的材料称为软性材料。

2. 洛氏硬度

洛氏硬度的测定原理是采用顶角为 120°的金刚石圆锥体或直径为 1.588mm 的淬火钢

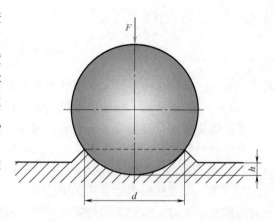

图 2-7　布氏硬度试验示意图

球作为压头，以一定的压力使其压入材料表面，通过测量压痕深度来计算洛氏硬度值。

在实际测量时，为了减少因试样材料表面不平而引起的误差，应先施加初载荷 F_0，压入深度为 h_1，然后再施加主载荷 F_1，在总载荷 F_0+F_1 的作用下，压头压入深度为 h_2。保持一定时间后，卸除主载荷 F_1，由于金属弹性变形的恢复，压头回升到 h_3 的位置，则由主载荷 F_1 引起的塑性变形的压痕深度为 $e=h_3-h_1$。最后根据压痕深度确定洛氏硬度值。图 2-8 是用金刚石压头进行洛氏硬度试验的示意图。

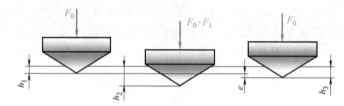

图 2-8　洛氏硬度测试过程示意图

洛氏硬度试验操作简单、快速，可直接从表盘上读出硬度值。洛氏硬度常用 HRC 表示，没有单位。洛氏硬度试验测量范围大，试样表面压痕小，可直接测量成品或较薄工件的硬度。但由于压痕较小，对内部组织和硬度不均匀的材料，测量结果不够准确，故需在试样不同部位测定 3 个点，然后取其算术平均值。

洛氏硬度与布氏硬度（>220HBW）的近似关系为 1HRC ≈ 10HBW。

五、冲击韧性

上述强度、塑性、刚度和硬度都是在静载荷作用下测量的静态力学性能指标。在实际工作中，许多零件和工具是在冲击载荷作用下工作的，如压力机的冲头、锻锤的锤杆、内燃机的活塞杆等。而且瞬时冲击引起的应力和变形要远大于静载荷引起的应力和变形。因此，对于这些承受冲击载荷的零件，既要满足在静载荷作用下的强度、塑性、刚度和硬度等性能要求，又要考虑材料抵抗冲击载荷的能力，即冲击韧性。

所谓冲击韧性，是指材料在冲击载荷作用下抵抗塑性变形或断裂的能力。常用试样在冲击载荷作用下，破坏时所消耗的功来表示。冲击韧性的大小可用一次摆锤冲击弯曲试验来测量，衡量指标为冲击韧度。

冲击韧性测定方法：首先按规定制作标准冲击试样 2 及其缺口，然后将试样 2 放在试验机的支座 3 上，并且试样缺口应背对摆锤 1 的冲击方向，如图 2-9a 所示。把质量为 m 的摆锤调到高度 h_1 后释放，利用冲击载荷将试样冲断，测量出试样冲断后摆锤的高度 h_2，如图 2-9b 所示。根据能量守恒原理，摆锤消耗的能量与试样吸收的能量相等，称为冲击吸收能量，其数值可从冲击试验机的刻度盘直接读出。然后将冲击吸收能量除以试样缺口处截面积，得到的即为冲击韧度。

冲击韧度越大，材料的冲击韧性越好。

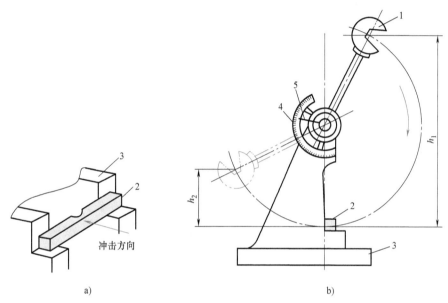

图 2-9 冲击韧度测量试验示意图
1—摆锤 2—试样 3—支座 4—刻度盘 5—指针

六、疲劳强度

在工程上，许多机械零件，如发动机曲轴、齿轮和滚动轴承等都是在交变载荷作用下工作的。虽然这些零件所承受的应力都低于材料的屈服强度，但经过较长时间的工作后，零件会产生裂纹或突然发生完全断裂，这种现象称为疲劳。

据统计，在机械零件失效中，有 80% 以上属于疲劳破坏。由于疲劳破坏前没有明显的塑性变形，所以疲劳破坏经常造成重大事故。

金属材料在无数次交变载荷作用下不产生断裂的最大应力称为疲劳强度。疲劳强度越大，材料的疲劳抗力越强。

疲劳强度是通过试验得到的。实际上，做无数次应力循环的疲劳试验是不存在的，对于黑色金属（钢铁材料），一般规定疲劳强度对应的应力循环次数为 10^7，有色金属和不锈钢等为 10^8。

机械零件产生疲劳断裂的原因是材料表面或内部存在缺陷（夹杂、划痕、显微裂纹等），这些地方的局部应力大于屈服强度，从而产生局部塑性变形而导致开裂。这些微裂纹随应力循环次数的增加而逐渐扩展，直至最后承载的截面减小到不能承受所加载荷而突然断开。

【课堂讨论】：为什么用 R-ε 曲线代替 F-ΔL 曲线来研究低碳钢拉伸时的力学性能？

第二节　机械零件常用材料及选择

机械制造中最常用的材料是钢和铸铁，其次是有色金属。非金属材料如塑料、橡胶等，在机械制造中也具有独特的使用价值。

一、金属材料

1. 铸铁

铸铁和钢都是铁碳合金，它们的区别主要在于碳含量的不同。碳的质量分数小于 2% 的铁碳合金称为钢，碳的质量分数大于 2% 的铁碳合金称为铸铁。由于铸铁具有良好的铸造性能、抗压性、耐磨性和减振性，且价格低廉，所以在机械零件中的应用仅次于钢。但它的力学性能比钢低，而且较脆。常用的铸铁有灰铸铁和球墨铸铁。

（1）灰铸铁　灰铸铁因其断口呈暗灰色而得名。灰铸铁是价格最便宜、应用最广泛的一种铸铁，在各类铸铁的总产量中，灰铸铁占 80% 以上。

灰铸铁的牌号用汉语拼音字头"HT"和一组数字组成，数字表示直径为 30mm 试棒的最小抗拉强度值。例如，HT200 表示抗拉强度 $R_m = 200MPa$ 的灰铸铁。灰铸铁分为 HT100、HT150、HT200、HT225、HT250、HT275、HT300 和 HT350 等八个牌号。灰铸铁的牌号及用途见表 2-1。

表 2-1　灰铸铁的牌号及用途（摘自 GB/T 9439—2010）

牌号	最小抗拉强度 R_m/MPa	用途
HT100	100	用于外罩、手把、手轮、底板和重锤等形状简单、对强度无要求的零件
HT150	150	用于强度要求不高的铸件，如端盖、泵体等；以及壁厚小于 30mm 的耐磨轴套、阀壳、管道附件；一般机床底座、床身和工作台等；圆周速度为 6~12m/s 的带轮
HT200	200	可承受较大弯应力，用于强度、耐磨性要求较高、较重要的零件和要求保持气密性的铸件，如气缸、齿轮、底架、机体、飞轮、齿条以及圆周速度为 12~20m/s 的带轮等
HT225	225	
HT250	250	强度较高，用于阀壳、液压缸、气缸、联轴器、机体、齿轮、齿轮箱外壳、飞轮、凸轮和轴承座等
HT275	275	可承受高弯曲应力，用于要求高强度、高耐磨性的重要铸件，要求高气密性的铸件，如齿轮、凸轮、车床卡盘、剪床、压力机的机身、自动机床及其他重负载机床铸有导轨的床身；高压液压筒、液压泵的壳体等；圆周速度为 20~25m/s 的带轮
HT300	300	
HT350	350	用于齿轮、凸轮、车床卡盘、剪床、压力机的机身，自动机床等重负载机床铸有导轨的机身，高压液压筒、液压泵的壳体等

（2）球墨铸铁　为了改善灰铸铁的脆性，提高其延伸性，可在灰铸铁浇注之前向铁液中加入适量的球化剂（镍镁或铜镁）和墨化剂（硅铁或硅钙合金），促进元素呈球状石墨结晶，球墨铸铁因此而得名。球墨铸铁是高强度铸铁，其力学性能接近钢。

球墨铸铁的牌号用汉语拼音字头"QT"和两组数字组成，第一组数字表示其最低抗拉强度值，第二组数字表示其最低断后伸长率。例如，QT400-18 表示抗拉强度 $R_m = 400MPa$、断后伸长率为 18% 的球墨铸铁。常见球墨铸铁的牌号、力学性能及用途见表 2-2。

表 2-2 常见球墨铸铁的牌号、力学性能及用途（摘自 GB/T 1348—2019）

牌号	R_m/MPa	$R_{p0.2}$/MPa	A(%)	硬度 HBW	用 途
	最小值				
QT400-18	400	250	18	120~175	汽车、拖拉机底盘零件；阀门的阀体和阀盖等
QT400-15	400	250	15	120~180	
QT450-10	450	310	10	160~210	
QT500-7	500	320	7	170~230	机油泵齿轮等
QT600-3	600	370	3	190~270	柴油机、汽油机的曲柄；磨床、铣床、车床的主轴；空压机、冷冻机的缸体、缸套
QT700-2	700	420	2	225~305	
QT800-2	800	480	2	245~335	
QT900-2	900	600	2	280~360	汽车、拖拉机传动齿轮等

2. 钢

钢是碳的质量分数小于 2% 的铁碳合金，与铸铁相比，钢具有更高的强度、韧性和塑性，并可用热处理方法改善其力学性能和加工性能。钢制零件的毛坯可用锻造、冲压、焊接或铸造等方法取得，因此应用极为广泛。

钢的种类很多，可按不同的方法进行分类。

按化学成分可分为碳素钢和合金钢。碳素钢价格低，生产批量大，一般的机械零件优先选用碳素钢。碳素钢又可根据碳含量的不同分为低碳钢（碳的质量分数 ≤0.25%）、中碳钢（0.25%<碳的质量分数 ≤0.6%）和高碳钢（碳的质量分数>0.6%）。低碳钢的抗拉强度和屈服强度较低，但塑性好，适用于冲压、焊接加工。中碳钢具有较高的强度、塑性和韧性，综合力学性能较好，常用于螺栓、螺母、齿轮、键和轴的制造。高碳钢具有很高的强度和弹性，常用于制造弹簧、钢丝绳等零件。

按用途的不同可分为结构钢、工具钢和特殊钢。结构钢用于制造各种机械零件和工程结构的构件；工具钢主要用于制造刃具、模具和量具；特殊钢用于制造有特殊要求的零件，如不锈钢、耐热钢和低温钢等。

（1）普通碳素结构钢 普通碳素结构钢是碳素钢的一种。其有害杂质磷、硫的质量分数均小于 0.05%，碳的质量分数多数在 0.30% 以下，锰的质量分数不超过 0.80%，强度较低，但塑性、韧性、冷变性能好。

普通碳素结构钢的牌号体现其力学性能，由代表屈服强度的汉语拼音字母"Q"、屈服强度数值、质量等级符号和脱氧方法符号等四个部分按顺序组成。质量等级符号用 A、B、C、D 表示，质量等级不同，含硫、磷的量依次降低，钢材质量依次提高。其中 A 级的硫、磷含量最高；D 级的硫、磷含量最低。脱氧方法符号用 F、Z、TZ 表示，F 是沸腾钢，Z 是镇静钢，TZ 是特殊镇静钢。通常多用镇静钢，故其符号 Z 与 TZ 一般省略不表示。例如 Q235AF 表示屈服强度为 235MPa 的 A 级沸腾钢，Q235C 表示屈服强度为 235MPa 的 C 级镇静钢。

普通碳素结构钢在冶炼时主要控制其力学性能,对钢的化学成分的控制较松,一般不需要热处理,可在供货状态下直接使用。普通碳素结构钢的力学性能及用途见表2-3。

表2-3 普通碳素结构钢的力学性能及用途(摘自 GB/T 700—2006)

牌号	屈服强度 R_{eH}/MPa,不小于			抗拉强度 R_m/MPa	断后伸长率 A(%),不小于			用途(参考)
	厚度(或直径)/mm				厚度(或直径)/mm			
	≤16	>16~40	>40~60		≤40	>40~60	>60~100	
Q195	195	185	—	315~430	33	—	—	载荷小的零件、铁丝、垫铁、垫圈、开口销、拉杆、冲压件及焊接件
Q215	215	205	195	335~450	31	30	29	拉杆、套圈、垫圈、渗碳零件及焊接件
Q235	235	225	215	375~500	26	25	24	金属结构件,心部强度要求不高的渗氮或碳氮共渗零件、拉杆、连杆、吊钩、螺栓、套筒和轴等
Q275	275	265	255	410~540	22	21	20	转轴、心轴、吊钩和拉杆等零件

(2)优质碳素结构钢 优质碳素结构钢的有害杂质磷、硫的质量分数均小于0.04%,可以同时保证力学性能和化学成分,是制造机械零件的主要材料,其力学性能优于普通碳素结构钢。

优质碳素结构钢的牌号用"两位数字"表示,这两位数字表示平均碳的质量分数的万分数。例如,45表示平均碳的质量分数为0.45%的优质碳素结构钢,08表示平均碳的质量分数为0.08%的优质碳素结构钢。高级优质钢,则在钢号后加"A",如35A。

根据锰含量可分为普通锰含量(小于0.80%)和较高锰含量(0.7%~1.2%)两组。较高锰含量钢在牌号后面标出元素符号"Mn",如50Mn。

优质碳素结构钢一般经过热处理,可获得较高的力学性能指标。优质碳素结构钢的力学性能及用途见表2-4。

表2-4 优质碳素结构钢的力学性能及用途(摘自 GB/T 699—2015)

牌号	试样毛坯尺寸 mm	力学性能			用途
		R_m/MPa	R_{eL}/MPa	A(%)	
10	25	335	205	31	冲压件、连接件及渗碳零件,如心轴、套筒、螺栓、螺母、吊钩、摩擦片和离合器盘等
20	25	410	245	25	
30	25	490	295	21	调质零件,如齿轮、套筒、连杆、轴类零件及连接件等
45	25	600	355	16	
60	25	675	400	12	弹簧、弹性垫圈、凸轮及易磨损零件
70	25	715	420	9	

(3)合金结构钢 合金结构钢简称合金钢,是在炼钢时加入某些合金元素而形成的,目的是改善钢的性能。例如:镍可以提高强度而不降低钢的韧性;铬可以提高硬度、高温强

度、耐蚀性和高碳钢的耐磨性；锰可以提高钢的耐磨性、强度和韧性；钼的作用类似于锰，其影响更大些；钒可以提高韧性和强度；硅可以提高弹性极限和耐磨性，但会降低韧性。合金元素对钢的影响很复杂，特别是当需要同时加入几种合金元素改善钢的性能时。应当注意，合金钢的优良性能不仅取决于化学成分，而且在更大程度上取决于适当的热处理。

合金钢的牌号采用"两位数字+化学元素+数字"的表示方法。开头的两位数字表示钢的平均碳的质量分数的万分数；化学元素表明钢中含有的主要合金元素；后面的数字表示该元素的含量，用百分数表示。合金元素含量小于 1.5% 时不标注，平均含量为 1.5%~2.5%、2.5%~3.5%、…时，则相应地用 2、3、…表示。例如，35SiMn 为硅锰钢，平均碳的质量分数为 0.35%，平均硅和锰的质量分数均小于 1.5%。

常见合金结构钢的力学性能及用途见表 2-5。

表 2-5　常见合金结构钢的力学性能及用途（摘自 GB/T 3077—2015）

牌号	力学性能（不小于）			用　途
	R_m/MPa	R_{eL}/MPa	A（%）	
20Cr	835	540	10	用于要求心部强度高，承受磨损，尺寸较大的渗碳零件
20Mn2	785	590	10	可代替 20Cr 钢制造齿轮、轴等渗碳零件
40Cr	980	785	9	用于较重要的调质零件，如连杆、重要齿轮和曲轴等
35SiMn	885	735	15	可代替 40Cr 钢制造齿轮、轴类零件
50CrV	1280	1130	10	大截面高强度弹簧

（4）铸钢　凡是碳钢或合金钢材料的零件，其毛坯是铸造而成的铸件，这种钢都称为铸钢。其牌号用"ZG+两组数字"来表示，ZG 是"铸钢"汉语拼音的字头，第一组数字表示其名义屈服强度，第二组数字表示其抗拉强度。如 ZG310-570，表示其 R_{eH}（或 $R_{p0.2}$）为 310MPa，R_m 为 570MPa。

常见铸钢的力学性能及用途见表 2-6。

表 2-6　常见铸钢的力学性能及用途（摘自 GB/T 11352—2009）

牌号	力学性能（不小于）			用　途
	R_{eH}（$R_{p0.2}$）/MPa	R_m/MPa	A（%）	
ZG230-450	230	450	22	机座、机盖和箱体等。焊接性良好
ZG270-500	270	500	18	飞轮、机架、蒸汽锤、联轴器和水压机工作缸。焊接性较好
ZG310-570	310	570	15	联轴器、气缸、齿轮和重载荷机架
ZG340-640	340	640	10	起重运输机中的齿轮、联轴器等重要机件

3. 有色金属

工业上使用的金属材料，通常把钢及铸铁称为黑色金属，其他非铁金属及合金统称为有色金属。有色金属具有多种特殊性能，如良好的导电性、导热性、耐蚀性和减摩性等。所以有色金属也是机械零件中不可缺少的材料，尤其是铜合金应用较多，主要用来制造承受摩擦的零件。

（1）铜及铜合金　纯铜紫红色，具有优良的导电性和导热性，多用于电导体。

铜合金有黄铜和青铜两种。黄铜是铜和锌的合金，牌号用"H"表示。如 ZHMn58-2-2 为铸造黄铜，铜的质量分数为58%，锰的质量分数为2%，铅的质量分数为2%，其余成分为锌。黄铜具有很好的塑性和流动性，故可进行碾压和铸造，用于一般结构件和耐腐蚀件，如法兰、阀座和螺母等。

青铜是铜和锡、铅等元素的合金，牌号用"Q"表示。如 ZQSn6-6-3 为铸造青铜，其中锡和锌的质量分数均为6%，铅的质量分数为3%，其余成分为铜。青铜的减摩性和耐蚀性较好，也可进行碾压和铸造，常用于制造滑动轴承和蜗轮轮缘等。

（2）铝及铝合金　铝及铝合金为应用最广的轻金属。纯铝是一种银白色的轻金属，导电性好，仅次于银、铜和金；导热性好，可用作各种散热材料；在大气中与氧作用，在表面形成一层氧化膜，从而使它在大气和淡水中具有良好的耐蚀性。而且纯铝具有优良的工艺性能，易于铸造、切削，可冷、热变形加工。纯铝多用于电器。

纯铝的强度很低，但加入适量合金元素的铝合金，再经过强化处理后，其强度得到很大提高，可接近或超过优质钢。铝合金具有良好的塑性，可加工成各种型材；同时具有优良的导电性、导热性和耐蚀性，因此广泛应用于制造飞机、船舶、汽车和太空飞行器等产品，在工业上的使用量仅次于钢。

（3）钛及钛合金　钛及钛合金的优点是重量轻、耐热、耐腐蚀，比强度高，低温韧性良好，且资源丰富；缺点是制造成本高，加工条件复杂；多用于航空、造船和电器等领域，如制造导弹燃料罐、压气机叶片、超音速飞机的涡轮机匣等。

（4）轴承合金　轴承合金是锡、锑、铅和铜的合金。牌号表示如 ZPbSb16Sn16Cu2，为铸造铅锑轴承合金，以铅为基体，其中锑（Sb）、锡（Sn）的质量分数均为16%，铜的质量分数为2%，其余成分为铅（Pb）。

二、非金属材料

1. 橡胶

橡胶富有弹性，能吸收较多的冲击能量，常用作联轴器或减振器的弹性元件、带传动的胶带等。硬橡胶可用于制造用水润滑的轴承衬。

2. 工程塑料

工程塑料是高分子有机化合物，其密度小，易于制成形状复杂的零件，而且各种不同塑料具有不同的特点，如耐蚀性、绝热性、绝缘性、减摩性、摩擦系数大等，所以近年来在机械制造中得到广泛应用。以木屑、石棉纤维等作为填充物，用热固性树脂压结而成的塑料称为结合塑料，可用来制作仪表支架、手柄等受力不大的零件。以布、石棉、薄木板等层状填充物为基体，用热固性树脂压结而成的塑料称为层压塑料，可用来制作无声齿轮、轴承衬和摩擦片等。

此外，在机械制造中也常使用皮革、木材、纸板、棉和丝等非金属材料。

三、材料选择

设计机械零件时，选择合适的材料是一项复杂的技术经济问题，主要从使用要求、制造工艺性及经济性来考虑。使用要求方面，一般强度要求是主要的，同时兼顾其他要求。制造工艺性方面，要考虑从毛坯到成品的整个过程，如结构复杂、大批量生产的零件可采用铸造，单件生产可采用自由锻或焊接的方法等。经济性方面，要考虑材料本身的成本及加工成本等。

【课堂讨论】：观察你身边用到的机械零件，它们是用什么材料制成的？为什么采用这种材料？

第三节　钢的热处理

所谓钢的热处理，就是将钢在固体状态范围内加热到某一温度，然后保温一定时间，再以某种速度冷却的工艺过程，以改变金属的内部组织结构，提高零件的力学性能和改善工艺性能，可以充分发挥材料的潜力，节省钢材，延长机械的使用寿命。**钢的热处理工艺过程如图 2-10 所示。**

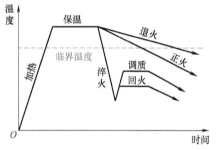

图 2-10　钢的热处理工艺过程

钢的热处理方法可以分为普通热处理、表面淬火和化学热处理。根据热处理时加热温度的高低、保温时间的长短以及冷却速率的快慢，普通热处理又可分为退火、正火和淬火；淬火后再加热、冷却，根据加热的温度不同又可分为调质和回火。热处理加热的温度与钢材的碳含量以及其他合金元素含量有关。

1. 普通热处理

（1）退火　退火是将钢件或毛坯加热到临界温度（一般为 723℃）以上 30~50℃，保温一段时间，然后随炉一起缓慢冷却，用来消除锻件、铸件和焊接件的内应力，降低硬度，改善切削性能以及细化金属晶粒，增加韧性和塑性。退火常应用于铸件、焊接件、中碳钢与中碳合金钢锻件和轧制件等。

（2）正火　正火是将钢件或毛坯加热到临界温度以上某一温度，保温一段时间后，在空气中冷却。正火与退火的区别是冷却阶段的冷却速度比退火快，可用来处理低碳钢、中碳钢和渗碳零件，增加强度和韧性，减少内应力，改善切削性能。

（3）淬火　淬火是将钢件加热到临界温度以上，保温一段时间后，在水、盐水或油中快速冷却。经过淬火的钢，强度和硬度可大为提高，但塑性和韧性却显著降低，并存在很大的内应力。为了减小内应力、提高塑性和韧性，获得良好的力学性能，淬火后应再进行回火处理，但强度和硬度稍有降低。

（4）回火　回火是将淬火后的钢件加热到临界温度以下的某一温度，保温一段时间，然后在空气或油中冷却。回火可用来消除淬火后的脆性和内应力，提高钢的塑性和冲击韧性。根据回火温度的不同，又可分为低温回火（150~250℃）、中温回火（300~500℃）和高温回火（500~650℃），其硬度依次可达 55~62HRC、35~45HRC 和 23~35HRC。

低温回火可以减小内应力，降低脆性；同时保存淬火钢的高硬度和耐磨性，应用于刀具和量具。中温回火的作用是提高钢件弹性，降低硬度，应用于有弹性要求的零件，如弹簧等。

（5）调质　淬火后高温回火称为调质，用来提高和改善钢件的综合力学性能。调质用于一些重要的零件，特别是一些在变应力作用下的零件，如连杆、齿轮和轴等，是机械零件常用的热处理方法。

2. 表面淬火

表面淬火是将机械零件表面迅速加热到淬火温度，热量未传至中心，马上快速冷却的热处理方法。表面淬火可以使机械零件表面具有高的硬度和耐磨性，而心部材料性质不变，仍保持高韧性，以提高抗冲击能力。表面淬火又可分为火焰表面淬火和高频表面淬火等。

3. 化学热处理

化学热处理是将机械零件放入化学介质（如碳、氮等）中加热、保温，使介质渗入零件表层中，使其化学成分改变，从而使表层的组织性能发生变化。常见的化学热处理方法有渗碳、渗氮和碳氮共渗。

（1）渗碳　常用于低碳钢或低碳合金钢，使零件表层的碳含量增高，然后通过淬火，提高表面的硬度和耐磨性，而心部仍保持良好的塑性和韧性，使零件既耐磨又抗冲击。

（2）渗氮　可以在零件表面形成一层高硬度的渗氮层，以提高零件表面的耐磨性和疲劳强度。渗氮温度较低，零件变形小；但渗氮层较薄，不能承受大的压力和冲击。渗氮零件的材料常选用 38CrMoAl 渗氮专用钢。

（3）碳氮共渗　在碳氮共渗后淬火加低温回火，其渗层的硬度和耐磨性比渗氮层高。由于碳氮共渗比渗碳温度低，故零件变形小。碳氮共渗常用于低碳钢和中碳钢。

本 章 小 结

- 金属材料的力学性能是指金属在外力作用时表现出的性能，包括强度、塑性、刚度、硬度、冲击韧性和疲劳强度。

- 强度是指金属在静载荷作用下，抵抗塑性变形或断裂的能力。

- 材料发生屈服现象时的应力称为屈服强度，用 R_e 表示，屈服强度分为上屈服强度 R_{eH} 和下屈服强度 R_{eL}。R_p 称为规定塑性延伸强度，$R_{p0.2}$ 表示规定塑性伸长率为 0.2% 时的应力。抗拉强度 R_m 是材料在拉断前所承受的最大应力。屈服强度 R_e（或 $R_{p0.2}$）和抗拉强度 R_m 是机械零件设计和选材的重要依据。

- 断后伸长率 A 是指试样拉断后标距的伸长量（L_u-L_0）与原始标距 L_0 的百分比。断后伸长率 A 是衡量材料塑性的一个重要指标，一般把 $A>5\%$ 的材料称为塑性材料；把 $A<5\%$ 的材料称为脆性材料。

- 刚度是金属材料抵抗弹性变形的能力。弹性模量是衡量材料刚度的指标，弹性模量越大，刚度越大。

- 硬度是衡量金属材料软硬的指标，是指金属材料在静载荷作用下抵抗表面局部塑性变形的能力。常用的硬度指标有布氏硬度和洛氏硬度。一般情况下，>350HBW 的材料称为硬性材料，<350HBW 的材料称为软性材料。

- 冲击韧性是指材料在冲击载荷作用下抵抗塑性变形或断裂的能力。其衡量指标为冲击韧度，冲击韧度越大，材料的冲击韧性越好。

- 疲劳强度是指金属材料在无数次交变载荷作用下不产生断裂的最大应力。在机械零件失效中，有80%以上属于疲劳破坏。

- 碳的质量分数小于2%的铁碳合金称为钢，碳的质量分数大于2%的铁碳合金称为铸铁。

- 常见钢的热处理方法有退火、正火、淬火、回火、调质、表面淬火、渗碳、渗氮和碳氮共渗。

拓 展 阅 读

◆ 材料发展史

人类社会的发展历程，是以材料为主要标志的。对材料的认识和利用的能力，决定着社会的形态和人类生活的质量。历史学家把人类社会的发展按其使用的材料类型划分为石器时代、青铜器时代、铁器时代，而今，正在跨入人工合成材料的新时代。

100万年以前，原始人以石头作为工具，这一时期称为旧石器时代。1万年以前，人类对石器进行加工，使之成为器皿和精致的工具，从而进入新石器时代。现在考古发掘证明，我国在八千多年前已经制成实用的陶器，在六千多年前已经冶炼出黄铜，在四千多年前已有简单的青铜工具，在三千多年前已用陨铁制造兵器。我们的祖先在二千五百多年前的春秋时期已会冶炼生铁，比欧洲要早一千八百多年。18世纪，钢铁工业的发展，成为产业变革的重要内容和物质基础。19世纪中叶，现代平炉和转炉镍管炼钢技术的出现，使人类真正进入了钢铁时代。与此同时，铜、铅、锌也大量得到应用，铝、镁、钛等金属相继问世并得到应用。直到20世纪中叶，金属材料在材料工业中一直占有主导地位。20世纪中叶以后，科学技术迅猛发展，首先是人工合成高分子材料问世并得到广泛应用，仅半个世纪时间，高分子材料已与有上千年历史的金属材料并驾齐驱，并在年产量的体积上超过了钢，成为国民经济、国防尖端科学和高科技领域不可缺少的材料。

随着现代科技的发展，陶瓷成为工业和科技运用的材料。传统陶瓷一般采用黏土烧制，而现代陶瓷主要以高纯超细人工合成的无机化合物为材料，采用精密控制工艺烧结而制成，现代陶瓷具有更多元的功能和更广泛的应用，产品呈现多样化，如大功率风力发电机陶瓷轴承滚珠，极耐磨损的陶瓷芯水龙头，长久保持锋利和不锈的陶瓷刀具等。我国自主研制的C919商用飞机上的高强度涡轮罩环也采用了氮化硅陶瓷，提高了涡轮前温度和燃烧热

多元的陶瓷

效率，让飞机的飞行续航时间大大增加。陶瓷作为一种古老的材料，见证了人类历史的发展，现在陶瓷正被赋予新的使命，等待着人类去探索其未来的无限可能。

思考题与习题

2-1　金属材料的力学性能包括_____、_____、_____、_____和_____。

2-2　根据作用性质不同，载荷可分为_____、_____和_____。

2-3　材料在载荷作用下发生变形，变形一般可分为_____和_____。

2-4　低碳钢拉伸试验过程大概分为哪几个阶段？各阶段有什么特点？

2-5 什么是屈服强度？

2-6 什么是抗拉强度？

2-7 衡量材料塑性的指标有哪些？

2-8 什么是材料的刚度？其衡量指标是什么？

2-9 什么是材料的硬度？

2-10 >350HBW 的材料称为_____材料，<350HBW 的材料称为_____材料。

2-11 洛氏硬度与布氏硬度（>220HBW）的近似关系为_____。

2-12 什么是材料的冲击韧性？其衡量指标是什么？

2-13 什么是材料的疲劳强度？

2-14 在机械零件失效中，有_____%以上属于疲劳破坏。

2-15 常用的机械材料有哪些？如何选择零件的材料？

2-16 碳的质量分数小于 2% 的铁碳合金称为_____，碳的质量分数大于 2% 的铁碳合金称为_____。

2-17 HT200 表示抗拉强度 R_m =_____ MPa 的_____铸铁。

2-18 QT400-18 表示抗拉强度 R_m = _____ MPa、断后伸长率为_____% 的_____铸铁。

2-19 45 表示平均碳的质量分数为_____% 的优质碳素结构钢。

2-20 钢的主要热处理方法有哪些？

第三章
机械制图基础

【内容提要】

    机械制图基础是技术人员识读和绘制机械图样的基本知识。本章主要内容包括机械制图国家标准，点、直线、平面投影图的绘制，基本体三视图的绘制，机件的表达方法以及零件图和装配图的组成。

【学习目标】

    1. 了解机械制图的国家标准；

    2. 掌握机械制图的投影知识；

    3. 理解机械零件的常用表达方法；

    4. 了解零件图和装配图的作用和组成。

第一节　国　家　标　准

在机械设计中，机件的结构形状、尺寸、材料和技术要求等内容，都需要用图样的形式进行表达，这种图样即为机械图样。机械图样是零件加工、检验，部件或整台机器装配的依据。机械图样又分为零件图和装配图两类。为了便于设计、生产和技术交流，对于机械图样的内容、格式和表达方法都已在机械制图国家标准中进行了规定。

机械图样是产品设计、制造、安装和检测等过程中的重要技术资料，是信息交流的重要工具。为了便于生产、管理和对外技术交流，国家标准对机械图样的画法、尺寸的标注等各方面做了统一的规定，国家标准简称国标，代号为 GB。

本节将简要介绍国家标准对图纸幅面、格式、比例、字体、图线和尺寸标注方法的有关规定。

一、图纸幅面及格式（GB/T 14689—2008）

为了便于图纸的使用和保管，国家标准对图纸幅面尺寸、图框格式、标题栏的方位等进行了统一规定。

1. 图纸幅面

绘制图样时，应优先采用基本幅面，基本幅面共有五种，幅面代号和尺寸见表 3-1。

表 3-1　图纸基本幅面代号和尺寸 （单位：mm）

幅面代号	A0	A1	A2	A3	A4
宽度 B×长度 L	841×1189	594×841	420×594	297×420	210×297
c	10			5	
a	25				
e	20		10		

由表 3-1 可以看出，A0 幅面最大，面积约为 $1m^2$，其余幅面都是后一号为前一号幅面的一半，如 A1 幅面是 A0 的一半，A2 幅面是 A1 的一半。

必要时，也允许选用加长幅面，但加长后的幅面尺寸须由基本幅面的短边成整数倍增加后得出。

2. 图框格式

在图纸上必须用粗实线画出图框，其格式分为不留装订边和留装订边两种，但同一产品的图样只能采用一种格式。不留装订边的图纸，其图框格式如图 3-1 所示。留装订边的图纸，其图框格式如图 3-2 所示。图框中的尺寸按表 3-1 中的规定选取。

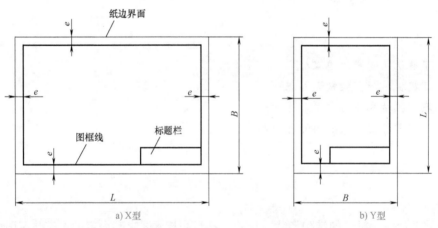

a) X型　　　　　　　　　　b) Y型

图 3-1　不留装订边的图框格式

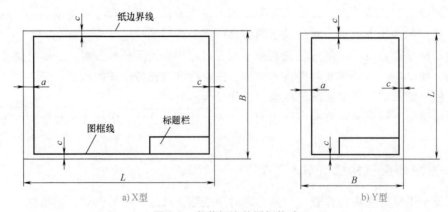

a) X型　　　　　　　　　　b) Y型

图 3-2　留装订边的图框格式

3. 标题栏的方位及格式

每张图纸上都必须画出标题栏。标题栏的位置应位于图纸的右下角，如图 3-1 和图 3-2 所示。国家标准（GB/T 10609.1—2008）推荐的标题栏格式比较复杂，如图 3-3 所示。学生在做作业时，建议采用教学用简化标题栏，如图 3-4 所示。

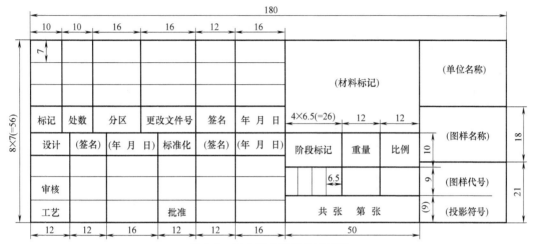

图 3-3 国家标准推荐的标题栏

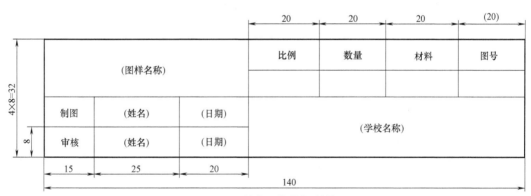

图 3-4 教学用简化标题栏

二、比例（GB/T 14690—1993）

图样中图形与其实物相应要素的线性尺寸之比称为比例。国家标准规定了绘制图样时应采用的比例，见表 3-2。优先选择第一系列的比例，必要时可以选择第二系列的比例。

表 3-2 规定的比例

种类	第一系列	第二系列
原值比例	$1:1$	
放大比例	$2:1$　$5:1$　$1\times10^n:1$　$2\times10^n:1$ $5\times10^n:1$	$2.5:1$　$4:1$　$2.5\times10^n:1$　$4\times10^n:1$
缩小比例	$1:2$　$1:5$　$1:1\times10^n$　$1:2\times10^n$ $1:5\times10^n$	$1:1.5$　$1:2.5$　$1:3$　$1:4$　$1:6$　$1:1.5\times10^n$ $1:2.5\times10^n$　$1:3\times10^n$　$1:4\times10^n$　$1:6\times10^n$

注：n 为正整数。

绘制图样时，应根据实物的大小和复杂情况选用合适的比例。无论采用缩小或放大的比例，在标注尺寸时，都按机件的实际尺寸标注，而且需要在标题栏的比例栏中填写相应的比例。

三、字体（GB/T 14691—1993）

图样中书写的字体必须做到：字体工整、笔画清楚、间隔均匀、排列整齐。国家标准对图样中各种字体的大小进行了规定，字体高度 h 的公称尺寸系列为 1.8mm、2.5mm、3.5mm、5mm、7mm、10mm、14mm 和 20mm。

1. 汉字

图样中的汉字应写成长仿宋体，并采用国家正式公布推行的简化汉字。汉字的高度 h 不应小于 3.5mm，其字宽一般为 $h/\sqrt{2}$。

长仿宋体汉字示例：

字体工整笔画清楚

2. 字母和数字

字母和数字可写成斜体或直体。斜体字字头向右倾斜，与水平基准线成 75°。

大写字母斜体示例：

ABCDEFGHIJKLMN

数字斜体示例：

1234567890

四、图线及其画法

GB/T 4457.4—2002《机械制图 图样画法 图线》中规定了机械图样中采用的各种线型及其应用场合。表 3-3 列出的为机械设计制图中常用的线型。

表 3-3 图线及应用

图线名称	图线形式及符号	图线宽度	一般应用
粗实线	——————————	d	可见轮廓线
细实线	——————————	$d/2$	尺寸界线及尺寸线、剖面线、重合断面的轮廓线
波浪线	～～～～～～	$d/2$	断裂处的边界线、视图和剖视图的分界线
双折线	⌐⌐⌐⌐	$d/2$	断裂处的边界线
细虚线	– – – – – – –	$d/2$	不可见轮廓线
细点画线	—·—·—·—·	$d/2$	轴线、对称中心线
粗点画线	—·—·—·—·	d	限定范围表示线
细双点画线	—··—··—··	$d/2$	相邻辅助零件的轮廓线、可动零件的极限位置的轮廓线、轨迹线

机械图样采用的线型分粗、细两种宽度，其宽度比为 2:1。国标规定优先选用粗（细）

线宽分别为 0.5（0.25）mm 和 0.7（0.35）mm 两种组别线宽。

图 3-5 所示为图线应用实例。

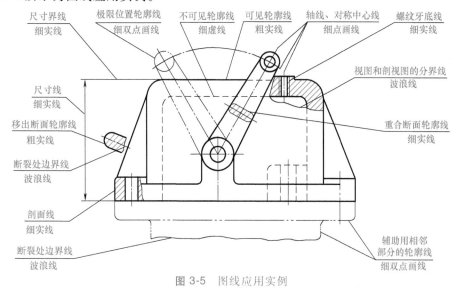

图 3-5 图线应用实例

五、尺寸标注（GB/T 4458.4—2003、GB/T 16675.2—2012）

1. 基本规则

机件的尺寸标注，需要遵循以下基本规则：

1）机件的真实大小应以图样上所注的尺寸数值为依据，与图形的大小及绘图的准确度无关。

2）图样中（包括技术要求和其他说明）的尺寸，以 mm 为单位时，不需标注单位符号（或名称）。如果采用其他单位，则应注明相应的单位符号。

3）图样中所标注的尺寸，为该图样所示机件的最后完工尺寸，否则应另加说明。

4）机件的每一个尺寸，在图样上一般只标注一次，并应标注在反映该结构最清晰的图形上。

2. 尺寸的组成及其标注方法

图样中的尺寸一般由尺寸界线、尺寸线和尺寸数字组成，如图 3-6 所示。

（1）尺寸界线 尺寸界线表示尺寸的度量范围。尺寸界线用细实线绘制，并应由图形的轮廓线、轴线或对称中心线处引出，也可利用轮廓线、轴线或对称中心线作为尺寸界线，如图 3-7 所示。

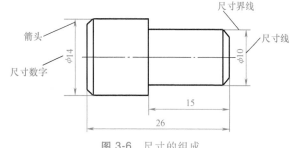

图 3-6 尺寸的组成

尺寸界线一般应与尺寸线垂直，必要时才允许倾斜。在光滑过渡处标注尺寸时，应用细实线将轮廓线延长，从它们的交点处引出尺寸界线，如图 3-8 所示。

（2）尺寸线 尺寸线表示尺寸的度量方向。尺寸线用细实线绘制，且平行于所标注的线段。尺寸线一般不能与其他图线重合或画在其他图线的延长线上。

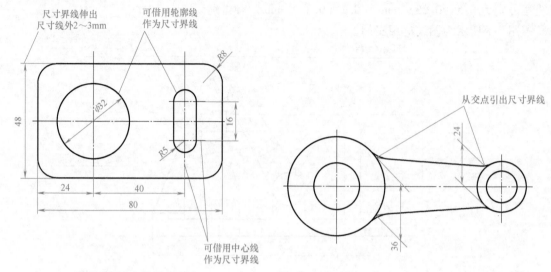

图 3-7　尺寸界线的画法

图 3-8　光滑过渡处尺寸界线的画法

如果有多条尺寸线相互平行，绘制时，需将小尺寸线画在里面，大尺寸线画在外面。

尺寸线终端有箭头和斜线两种，一般用箭头形式。当尺寸线太短，没有足够的位置画箭头时，允许将箭头画在尺寸线外边。标注连续的小尺寸时，可用圆点或斜线代替箭头，如图 3-9 所示。

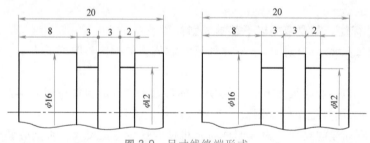

图 3-9　尺寸线终端形式

（3）尺寸数字　尺寸数字表示尺寸度量的大小。尺寸数字一般标注在尺寸线的上方；当尺寸线为垂直方向时，应标注在尺寸线的左方，也允许写在尺寸线的中断处，不可被任何图线通过。

3. 常见的尺寸标注方法

（1）圆的尺寸标注　标注圆的直径尺寸时，应以圆周为尺寸界线，并使尺寸线通过圆心，同时，需在尺寸数字前加注直径符号"ϕ"，如图 3-10 所示。

（2）圆弧的尺寸标注　标注大于半圆的圆弧直径尺寸时，尺寸线应画至略超过圆心，并只在尺寸线的一端画箭头指向圆弧，同时，需在尺寸数字前加注直径符号"ϕ"，如图 3-11a 所示。

标注小于或等于半圆的圆弧半径尺寸时，尺寸线应从圆心出发引向圆弧，只画一个箭头，并在尺寸数字前加注半径符号"R"，如图 3-11b 所示。

（3）小尺寸的标注　当图形较小，在尺寸界线之间没有足够位置画箭头或标注尺寸数字时，可按图 3-12 所示方式进行标注。此时，可以用圆点或斜线代替箭头。

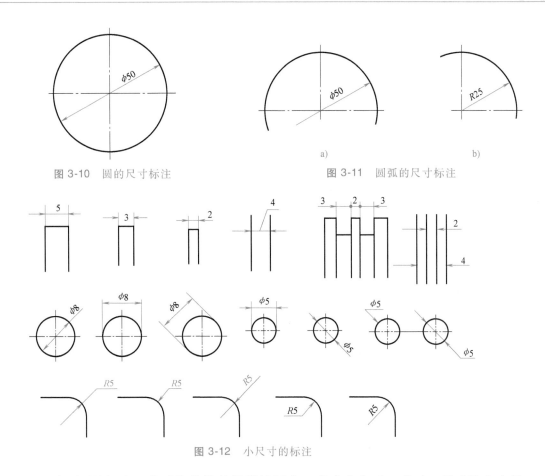

图 3-10 圆的尺寸标注

图 3-11 圆弧的尺寸标注

图 3-12 小尺寸的标注

（4）对称图形的标注　当对称机件的图形只画出一半或略大于一半时，尺寸线应略超过对称中心线或断裂处的边界，并在尺寸线的一端画出箭头，如图 3-13 所示。

（5）均布孔的标注　在同一个图形中，均匀布置尺寸相同的孔时，可只在一个孔处注写孔的尺寸和数量，并用缩写词"EQS"表示"均布"，如图 3-14 所示。

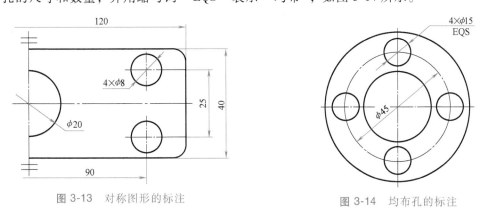

图 3-13 对称图形的标注

图 3-14 均布孔的标注

（6）角度的标注　角度的尺寸界线应沿径向引出，尺寸线是以角的顶点为圆心画出的圆弧线，角度数字一律水平注写。一般注写在尺寸线的中断处，必要时也可注写在尺寸线的上方、外侧或引出注写，如图 3-15 所示。

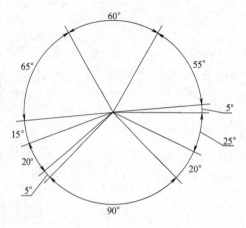

图 3-15 角度的标注

图 3-16a 所示为一个图样的正确标注方法，图 3-16b 所示为初学者标注尺寸时经常出现的错误。

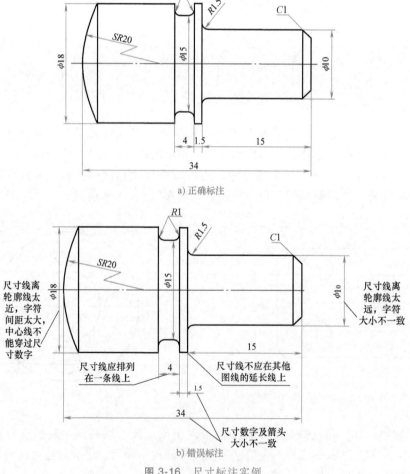

图 3-16 尺寸标注实例

【课堂讨论】：观察你所用教材的幅面与几号图纸接近？如果让你在一张 A4 纸上画一个 1m×2m 的图案，取哪个比例尺合适？

<h2 style="text-align:center">第二节 投 影 基 础</h2>

机械设计的设计对象，如零件、部件和机器是具有形状、尺寸等属性的三维空间实体，工程上采用投影原理把三维物体准确、唯一地表示在平面图纸上，形成二维图样。投影法是绘制机械图样的基础。

当物体受到光线照射时，在地面或墙上出现影子，这就是物体在地面或墙上的投影。其中光线称为投射线，投射线的起源点称为投射中心，影子所在的平面称为投影面。受此启示，人们创造了工程上所用的投影法。

一、投影法的分类

投射线通过物体，向选定的投影面投射，并在该面上得到图形的方法称为投影法。

工程上常用的投影法可分为两大类：中心投影法和平行投影法。

1. 中心投影法

投射线汇交于投射中心的投影法称为中心投影法，如图 3-17 所示。

采用中心投影法投影时，如果物体、光源和投影面三者之间的相对位置改变时，在投影面上得到的投影的大小和形状也会发生改变，因此难以反映物体的真实情况，故绘制机械图样时一般不采用此方法。

2. 平行投影法

若将投射中心移到距离投影面无穷远处，则所有的投射线都相互平行，这种投射线相互平行的投影法称为平行投影法。又根据投射线与投影面的相对位置不同，分为斜投影法和正投影法，如图 3-18 所示。

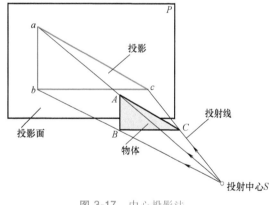

图 3-17　中心投影法

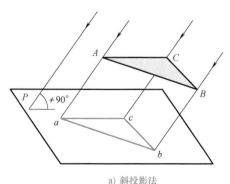

a) 斜投影法

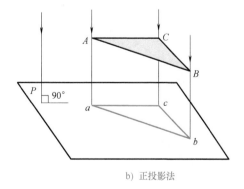

b) 正投影法

图 3-18　平行投影法

投射线倾斜于投影面的平行投影法称为斜投影法；投射线垂直于投影面的平行投影法称为正投影法。由图 3-18 可以看出，应用正投影法得到的图形可以反映物体的真实形状和大小，而与物体到投影面的距离无关，且作图简单，因此机械图样采用正投影法绘制图形。本书以下所述的"投影"均代表正投影。

正投影具有存真性、积聚性和类似性等特性，见表 3-4。

表 3-4　正投影的基本特性

性质	存真性	积聚性	类似性
图例			
投影特性	平行于投影面的直线，其投影反映该直线实际的长度；平行于投影面的平面，其投影反映该平面的实际形状	垂直于投影面的直线，其投影积聚成一个点；垂直于投影面的平面，其投影积聚成一条直线	倾斜于投影面的直线，其投影仍为直线，但其投影小于直线的实际长度；倾斜于投影面的平面，其投影小于该平面的实际大小，为平面的相似形

二、三视图的基本概念

物体向投影面正投影，得到的图形称为视图。由图 3-19 可以看出，仅由一个视图不能完整地表达物体的形状，因此还需要从其他方向进行投影补充视图，工程上采用最多的是三视图。

1. 三投影面体系

设置三个互相垂直的平面作为投影面，如图 3-20 所示。三个投影面分别为：

1）正面投影面，简称正面，用字母 V 表示。

2）水平投影面，简称水平面，用字母 H 表示。

3）侧面投影面，简称侧面，用字母 W 表示。

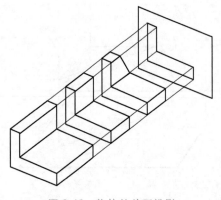

图 3-19　物体的单面投影

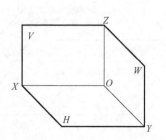

图 3-20　三投影面体系

2. 三视图的形成

所谓三视图，就是将物体置于三个投影面之间，用投影法在三个投影面上得到物体的三个视图。

如图 3-21a 所示，三个视图分别为：

1）主视图：从物体的前面向后对 V 面投影，得到的正面图形。

2）俯视图：从物体的上方向下对 H 面投影，得到的水平图形。

3）左视图：从物体的左侧向右对 W 面投影，得到的侧面图形。

为了使三个视图转变成平面三视图，从而可以画在一张图纸上，国家标准规定：正面投影不动，水平面投影绕水平面与正面的交线 OX 向下旋转 90°，侧面投影绕侧面与正面的交线 OZ 向右旋转 90°，这样可得到图 3-21c 所示的物体的三视图。

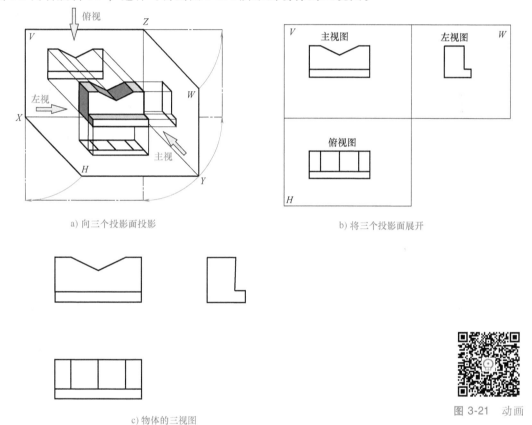

a) 向三个投影面投影

b) 将三个投影面展开

c) 物体的三视图

图 3-21　动画

图 3-21　三视图的形成

3. 三视图的投影规律

通常把物体左右之间的尺寸称为长，前后之间的尺寸称为宽，上下之间的尺寸称为高。根据三视图的形成可知，主视图反映物体的长和高，俯视图反映物体的长和宽，左视图反映物体的宽和高。

如图 3-22 所示，三视图之间的投影规律如下：

1）主视图和俯视图：长对正。

2）主视图和左视图：高平齐。

3）俯视图和左视图：宽相等。

三、点、直线和平面的三视图

1. 点

如图3-23所示，在空间有一点A，点A分别向三个投影面作垂线，得到的垂足即为点的投影。

2. 直线

直线的投影一般仍为直线，特殊时积聚成一点。如图3-24所示，绘制直线AB的投影时，先画出两个端点A和B的三个投影，然后将点A和B在同一个投影面中的投影连接起来，即得到直线AB在三个投影面内的投影。

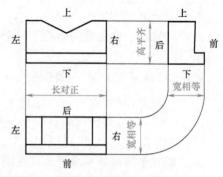

图3-22　三视图投影规律

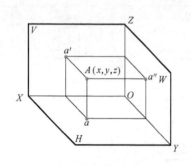

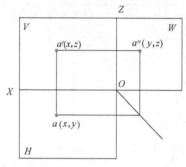

图3-23　动画

图3-23　点的三视图

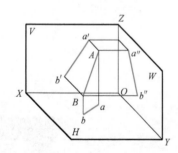

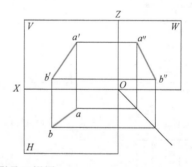

图3-24　动画

图3-24　直线的投影及三视图

3. 平面

平面的投影一般仍为平面，特殊时积聚成一条直线。如图3-25所示，绘制平面ABC的三个投影时，先分别画出三个顶点A、B和C的三个投影，然后将各点在同一个投影面中的投影依次连接，即得到平面ABC的三个投影。

四、基本立体的三视图

立体是由若干个表面围成的实体，绘制立体的投影就是绘制立体的所有表面的投影。虽然机械零件的结构形状多种多样，但经常可以看成是由基本立体组合而成，如图3-26所示的机械零件，就可以看成是由一个圆柱和一个六棱柱组成的。常见的基本立体有棱柱、棱

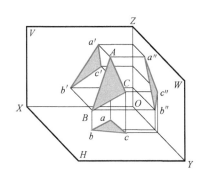
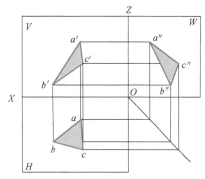

图 3-25 一般位置平面的投影及三视图

锥、圆柱、圆锥、球和圆环等。因此，应该熟练掌握基本立体
的三视图绘制方法。

1. 棱柱

以图 3-27 所示的正六棱柱为例说明棱柱三视图的绘制方
法。正六棱柱由上、下两个底面和六个棱面（侧面）组成。
上、下底面是形状相同且互相平行的正六边形平面，各棱线互
相平行并与底面垂直。绘制正六棱柱的三视图，只需绘制上、
下两个底面以及六条棱线的三视图即可。

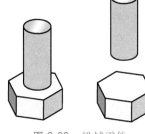

图 3-26 机械零件

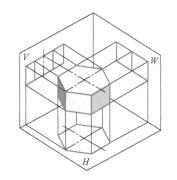

图 3-27 正六棱柱的三视图

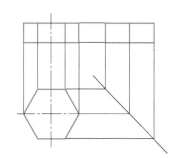

图 3-27 动画

由于其上、下底面为水平面，故在俯视图上反映实形，也为正六边形，且互相重合；
上、下底面垂直于正面投影面和侧面投影面，故其主视图和左视图为积聚成的两条平行的直
线。由于各棱线平行于正面投影面和侧面投影面，故其投影反映实形，且有些棱线的投影重
合；各棱线与水平投影面垂直，故其俯视图为积聚成的六个点。

2. 棱锥

以图 3-28 所示的四棱锥为例说明棱锥三视图的绘制方法。四棱锥由底面和四个侧棱面
组成。底面为与水平投影面平行的四边形，故其俯视图反映实形，为四边形；底面垂直于正
面投影面和侧面投影面，故在主视图和左视图上积聚成一条直线。四个侧棱面在水平投影面
的投影覆盖在底面投影形成的四边形内。四棱锥的左、右两个侧面与正面投影面垂直，故在
主视图上各积聚成一条直线；前、后两个侧面与侧面投影面垂直，故在左视图上各积聚成一
条直线。

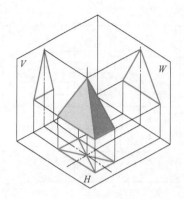 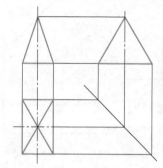

图 3-28　动画

图 3-28　四棱锥的三视图

3. 圆柱

如图 3-29 所示，由于圆柱体的上、下底面与水平投影面平行，故其俯视图反映实形；上、下底面垂直于正面投影面和侧面投影面，故其主视图和左视图为积聚成的两条直线。圆柱面与水平投影面垂直，故其俯视图为积聚成的圆；圆柱面的正面投影和侧面投影均为矩形。

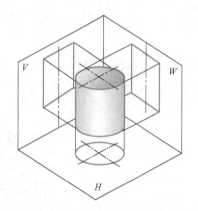 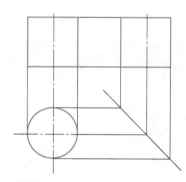

图 3-29　动画

图 3-29　圆柱的三视图

4. 圆锥

如图 3-30 所示，由于圆锥体的底面是水平面，故其俯视图反映实形，并在主视图和左

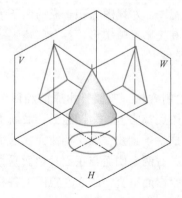 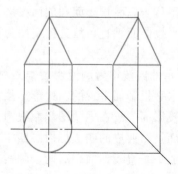

图 3-30　动画

图 3-30　圆锥的三视图

视图上积聚成一条直线。圆锥侧面的主视图和左视图均为等腰三角形。

5. 球

如图 3-31 所示，球的三个视图都是圆，且直径相等。

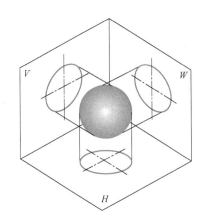
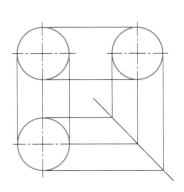

图 3-31 球的三视图

6. 圆环

图 3-32 所示为圆环的三视图。

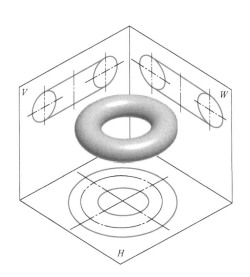
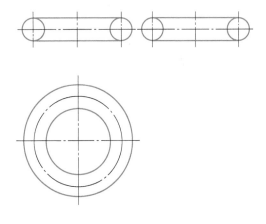

图 3-32 圆环的三视图

五、组合体的三视图

图 3-33 所示为一个一般组合体的三视图。

【课堂讨论】：可以用一个视图表示球或圆柱体吗？如果可以，请画出来。

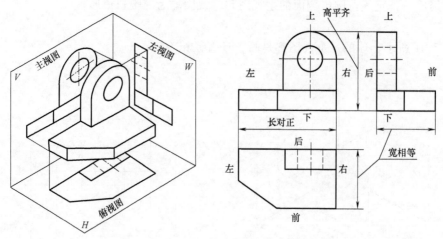

图 3-33　一般组合体的三视图

第三节　机械零件的表达方法

因为机械零件的形状和结构多种多样，对于复杂的机械零件，往往仅用三个视图不能把其结构清楚地表达出来，所以国家标准对机械制图表达方法进行了规定，表达方法有视图、断视图、断面图、局部放大图、简化画法以及其他规定画法。

一、视图（GB/T 4458.1—2002）

物体向投影面正投影，得到的图形称为视图。视图主要用于表达机件的外部结构形状，一般仅画出机件的可见结构，必要时才用细虚线画出不可见结构。视图可分为基本视图、向视图、局部视图和斜视图四种。

1. 基本视图

一般机械零件常用三视图表达。对于结构比较复杂的零件，如果用三个视图不能表达清楚，则在原有三个投影面的基础上，增加三个投影面，如图 3-34 所示，将机件放在正六面体内，按照正投影的方法，分别由前、后、左、右、上、下六个方向，向六个投影面投影，从而得到机件的六个基本视图。

六个基本视图分别为：

1）主视图：从物体的前面向后投影得到的图形。

2）俯视图：从物体的上方向下投影得到的图形。

3）左视图：从物体的左侧向右投影得到的图形。

4）右视图：从物体的右侧向左投影得到的图形。

5）仰视图：从物体的下方向上投影得到的图形。

6）后视图：从物体的后面向前投影得到的图形。

如图 3-34a 所示，正面投影面保持不动，其他投影面按图示箭头方向展开直至与正面投影面在同一个平面上，即得到机件的六个基本视图的配置，如图 3-34b 所示。各视图间仍保持"长对正、高平齐、宽相等"的投影规律。

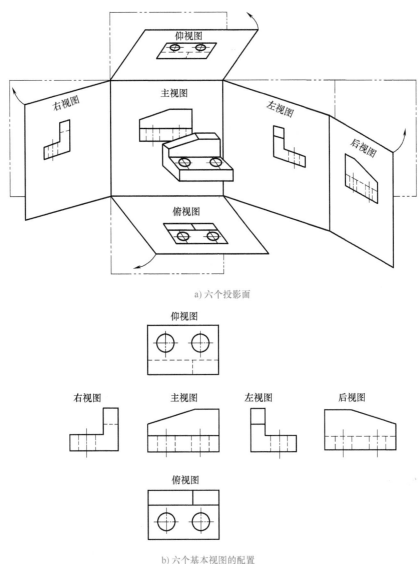

a) 六个投影面

仰视图

右视图   主视图   左视图   后视图

俯视图

b) 六个基本视图的配置

图 3-34   基本视图

2. 向视图

由于基本视图的配置固定，有时绘制起来不太方便。为了合理地利用图纸的幅面，国家标准规定了一种可以自由配置的视图，称为向视图。

为了便于读图，需要对向视图进行标注。标注方法是在向视图的上方用大写的英文字母标注该向视图的名称"×"，并在相应的视图附近用箭头指明获得该向视图的投射方向，同时标注相同的英文字母，如图 3-35 所示。

3. 局部视图

将机件的某一部分向基本投影面投影所得的视图，称为局部视图。

当机件的主要形状已在一定数量的基本视图上表达清楚，而仍有某些局部结构没有表达确切，但又没有必要画出完整的基本视图时，可以绘制局部视图表达该局部结构。

如图 3-36a 所示的机件，用主视图和俯视图已基本表达了其主体结构，但其左侧凸缘和

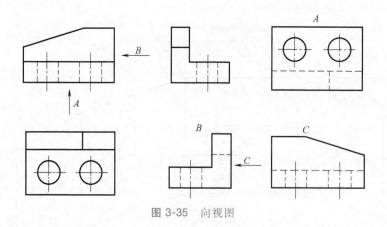

图 3-35 向视图

右侧缺口的结构还没有表达清楚，如果绘制左视图和右视图，则工作有些繁琐和重复，此时可采用局部视图，只绘制所需表达的左侧凸缘和右侧缺口的形状即可，如图 3-36b 所示。由此可见，局部视图表达既简洁明了，又能突出重点。

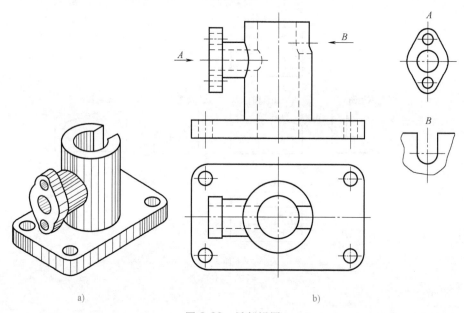

a)   b)

图 3-36 局部视图

局部视图的配置、标注和画法注意事项如下：

1）局部视图可按基本视图的配置形式配置，中间又没有其他图形隔开时，可以不必标注，如图 3-36b 所示的局部视图 A，可以省略标注。局部视图也可以按向视图的方法自由配置并标注，如图 3-36b 所示的局部视图 B。

2）局部视图的断裂边界应用波浪线表示，如图 3-36b 中的视图 B。如果表示的局部结构是完整的，且外轮廓线为封闭图形时，可省略断裂边界，如图 3-36b 中的视图 A。

4. 斜视图

机件向不平行于基本投影面的平面投影所得的视图，称为斜视图。

如图 3-37 所示，当机件上某部分的倾斜结构不与基本投影面平行时，则在基本视图上不能反映其实形,而且绘图和读图都比较困难。这时,可增设一个新的辅助投影面,使其与机件上的倾斜部分平行,且垂直于某一个基本投影面,如图 3-37a 中增设的辅助投影面与正面投影面 *V* 垂直。然后将机件上的倾斜部分向增设的辅助投影面投影,得到的视图即为斜视图,如图 3-37b 所示。

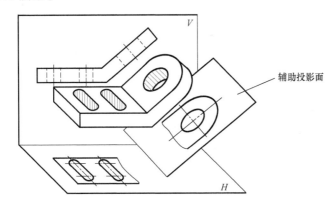

a) 斜视图的形成

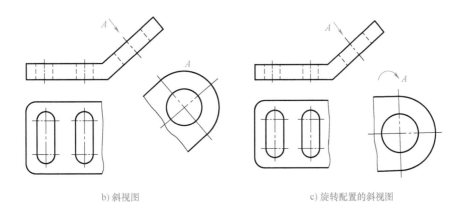

b) 斜视图   c) 旋转配置的斜视图

图 3-37 斜视图的形成和斜视图的配置

斜视图通常按向视图的配置形式配置并标注,如图 3-37b 所示。在不致引起误解的情况下,可以将斜视图旋转配置,但必须画出旋转符号,且字母写在靠近箭头的一侧,如图 3-37c 所示。

二、剖视图 (GB/T 4458. 6—2002)

为了清楚地表达机件的内部结构,同时避免图面出现内外形状重叠、虚实线交错、图面不清晰的现象,国家标准规定可以用剖视图来表达机件的内部结构。

1. 剖视图的形成

如图 3-38a 所示,假想用剖切面把机件剖开,将观察者与剖切面之间的部分机件移去,并将机件的剩余部分向与剖切面平行的投影面投影,得到的图形即为剖视图。

2. 剖面符号

在剖视图中,机件实体被剖切面剖切到的区域,称为剖面。为了区分机件的实体与空心部分,需要在剖面上画出剖面符号。各种材料的剖面符号见表 3-5。

在机械产品中，机件多为金属材料制造，由表 3-5 可知，金属材料的剖面符号是一组简单的平行细实线，称为剖面线。

画金属材料的剖面线时，应遵循以下规定：

1）同一机械图样中的同一金属机件的剖面线为间隔相等、方向相同且与水平方向成 45°的细实线。

2）如果剖面的主要轮廓线与水平线成 45°，则该剖面的剖面线画成与水平方向成 30°或 60°的平行线，其倾斜方向仍与其他视图的剖面线一致，如图 3-39 所示。

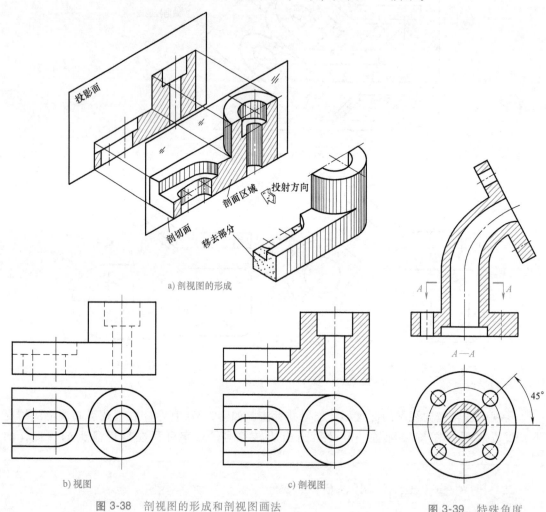

a) 剖视图的形成

b) 视图

c) 剖视图

图 3-38 剖视图的形成和剖视图画法

图 3-39 特殊角度 剖面线的画法

画剖视图时需要注意的事项如下：

1）剖切面一般应垂直于某一个投影面并通过机件的轴线或对称面。

2）剖视只是假想把机件切开，因此绘制机件的一组视图时，除剖视图外，其他视图仍需完整绘制，如图 3-40b 中的俯视图即为完整视图。

3）剖切面后面的可见轮廓线都应全部用粗实线画出，不能遗漏。图 3-41 所示为几种不同形状孔的剖视图画法。

表 3-5　剖面符号（GB/T 4457.5—2013）

材料	剖面符号	材料	剖面符号
金属材料 （已有规定剖面符号者除外）		木质胶合板 （不分层数）	
非金属材料 （已有规定剖面符号者除外）		基础周围的泥土	
转子、电枢、变压器和 电抗器等的叠钢片		混凝土	
线圈绕组元件		钢筋混凝土	
型砂、填砂、粉末冶金、砂轮、 陶瓷刀片、硬质合金刀片等		砖	
玻璃及供观察用的其他透明材料		格网 （筛网、过滤网等）	
木材 纵断面		液体	
木材 横断面			

4）剖切面后面不可见部分，如果在其他视图中已经表达清楚，一般剖视图上不再画虚线。但对尚未表达清楚的结构，若画少量虚线就可表达清楚，而且可以减少视图的数量时，可以画必要的虚线。如图 3-40b 所示，省略了左视图。

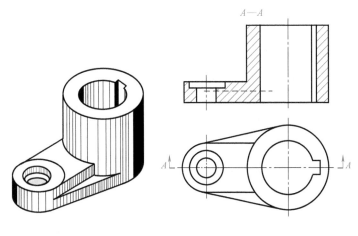

a) 机件　　　　　　　　　b) 剖视图

图 3-40　机件及其剖视图

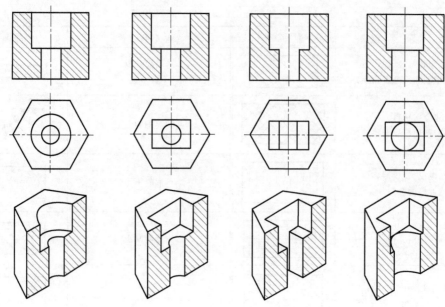

图 3-41　几种不同形状孔的剖视图画法

5）机件上的肋板、轮辐等结构，若对其进行横向剖切，截断面上要画出剖面符号，如图 3-42b 所示，*A—A* 剖视图中的肋板需要画剖面线。若对其进行纵向剖切，这些结构都不画剖面符号，而用粗实线将它与相邻部分分开，如图 3-42b 所示，*B—B* 剖视图中的肋板不需画剖面线。

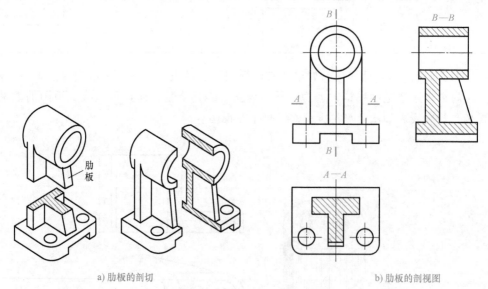

a) 肋板的剖切　　　　　　　　　　　　　　b) 肋板的剖视图

图 3-42　肋板剖视图的画法

3. 剖视图的标注与配置

为了便于读图，画剖视图时，需要将剖视图的名称、剖切位置、剖切后的投射方向标注在相应的视图上。

（1）剖视图的名称　在剖视图上方用大写字母标注"×—×"，以表示该剖视图的名称。

在同一张图样上，同时有几个剖视图时，其名称应按顺序编写，不得重复。

（2）剖切位置 在剖切面的起止和转折位置用剖切符号（线宽为 1.5b 的短粗线，b 为粗实线的宽度）表示剖切位置，并在剖切符号旁标注与剖视图名称相同的大写字母。粗短线不能与轮廓线相交或重合，应留出少量间隙。

（3）投射方向 用箭头表示投射方向，箭头画在剖切符号粗短线的起止位置，并与粗短线垂直。

（4）剖视图的配置 剖视图首先应考虑按投影关系进行配置，一般将剖视图配置在基本视图的方位，必要时可根据图面布置将剖视图配置在其他适当的位置。

在以下场合，可以对剖视图标注的内容进行省略：

1）当剖视图按投影关系配置，而且中间没有其他图形隔开时，可省略表示投射方向的箭头，如图 3-42b 中的 "A—A"。

2）当剖切面通过机件的对称面或基本对称面，而且剖视图按投影关系配置，中间也没有其他视图隔开时，可以省略剖视图的名称、剖切位置符号以及投射方向的标注。如图 3-42b 中的剖视图 "B—B" 即可以省略标注，图 3-43 所示为剖视图省略标注方法。

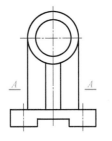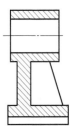

4. 剖切面的类型

剖视图的剖切面有三种类型：单一剖切平面、几个平行的剖切平面和几个相交的剖切平面。

（1）单一剖切平面 用一个剖切平面剖切机件称为单一剖切平面。一般情况下，单一剖切平面平行于基本投影面，如图 3-40～图 3-42 中的切平面。此时，若视图之间投影关系明确，没有任何图形隔开时，可以省略标注。

图 3-43 剖视图省略标注方法

用一个不平行于任何投影面的剖切平面剖切机件的方法，称为斜剖。斜剖常用来表达机件上倾斜部分的内部形状。画斜剖视图时，一般应按投影关系将剖视图配置在箭头所指一侧的对应位置。在不引起误解的情况下，可以将图形旋转，此时需要在图形上方用箭头标注旋转方向。斜剖视图必须标注剖切位置符号和表示投射方向的箭头，如图 3-44 所示。

（2）几个平行的剖切平面 用几个相互平行且平行于基本投影面的剖切平面剖开机件的方法，称为阶梯剖。需要注意的是，各剖切平面的转折处必须是直角。这种剖切平面适用于机件内部有较多不同结构形状需要表达，而它们的中心又不在同一个平面上的机件。如图 3-45a 所示的机件，采用两个平行剖切平面对其进行剖切后，可得到图 3-45b 所示的剖视图。

画这种剖视图时，需要注意以下事项：

1）不应在剖视图中画出各剖切平面转折处的投影，如图 3-45c 所示。

2）不应出现不完整的结构要素，如图 3-45d 所示。

3）剖切平面转折处不应与图形中的轮廓线重合，如图 3-46 所示。

4）当两个要素在图形上具有公共对称中心线或轴线时，可以以对称中心线或轴线为界各画一半，如图 3-47 所示。

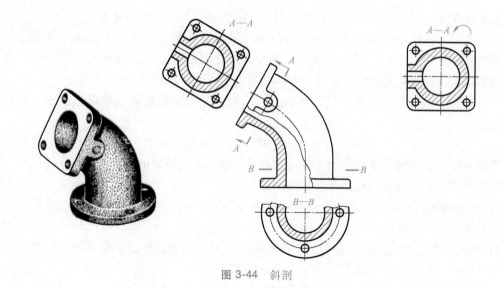

图 3-44　斜剖

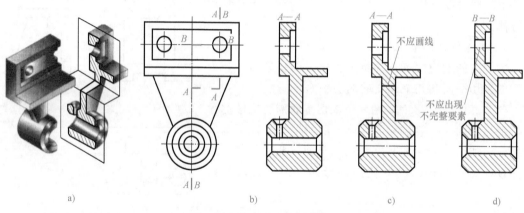

图 3-45　多个平行的剖切平面

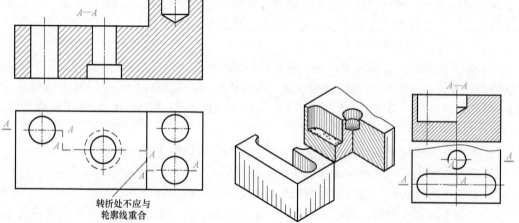

图 3-46　转折处不应与轮廓线重合

图 3-47　具有公共对称中心线要素的剖视图

（3）几个相交的剖切平面　用几个相交的剖切平面（交线垂直于某一基本投影面）剖切机件的方法，称为旋转剖。这种剖切方法常用来表达内部结构不能用单一剖切平面完整表达，而又具有回转轴的机件，如图 3-48 所示。

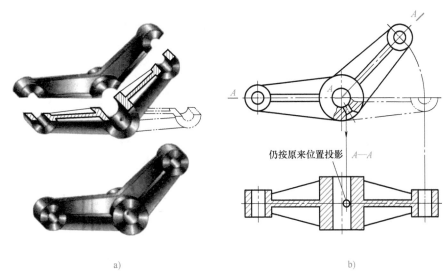

a)　　　　　　　　　　　　　　　　　b)

图 3-48　几个相交的剖切平面

画这种剖视图时，需要注意以下事项：

1）相邻两剖切平面的交线必须垂直于某一基本投影面。

2）先假想按剖切位置剖开机件，并将被剖切平面剖开的倾斜部分结构旋转到与某一基本投影面平行的位置，然后再向投影面投影，如图 3-48 所示。

3）位于剖切平面后面的其他可见结构，一般仍按原来位置投影，如图 3-48 中的油孔。

4）当剖切后产生不完整的结构要素时，应将该部分按不剖画出，如图 3-49 中的臂板。

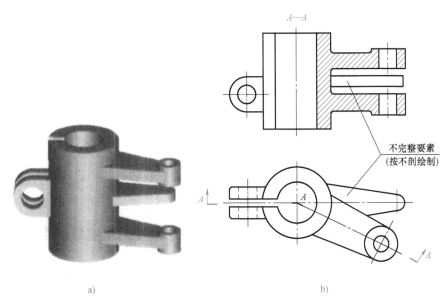

a)　　　　　　　　　　　　　　　　　b)

图 3-49　剖切后产生不完整要素按不剖画出

5. 剖视图的分类

根据机件被剖开范围的大小，剖视图可分为全剖视图、半剖视图和局部剖视图。

（1）全剖视图 用一个或几个剖切平面将机件整个剖开，所得的剖视图称为全剖视图，如图 3-40~图 3-49 所示的剖视图均为全剖视图。

全剖视图一般适用于表达内部结构复杂且不对称，外形结构比较简单或外形已在其他视图中表达清楚的机件。

（2）半剖视图 如果机件为对称结构，向垂直于机件对称平面的基本投影面上投影所得的图形，以对称中心线为界，一半画成剖视图，另一半画成视图，这样的图形称为半剖视图，如图 3-50 所示。

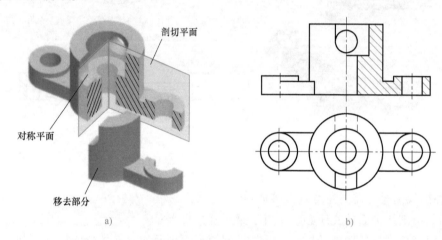

图 3-50 半剖视图

半剖视图主要用于内形和外形都需要表达的对称机件。

画半剖视图时，需要注意以下几个问题：

1）在半剖视图中，剖切部分与不剖切部分的分界线用细点画线画出。

2）在不剖的半个视图中，表示不可见对称结构的虚线应全部省略，但需要用细点画线画出孔、槽等结构的中心线位置，如图 3-50 所示的主视图中，左侧的孔只画出其中心线即可。

3）半剖视图主要用于绘制对称机件的结构。如果机件结构接近对称，且不对称部分已在其他视图上表达清楚，也可以画成半剖视图，如图 3-51 所示的机件。

（3）局部剖视图 用剖切平面局部地剖开机件所得的剖视图称为局部剖视图。通常用波浪线表示剖切范围，如图 3-52 所示。

利用局部剖视图可以在同一视图上灵活表达机件的内外形状，而且剖切位置和剖切范围可根据实际需要确定。

局部剖视图主要用于以下两种情况：

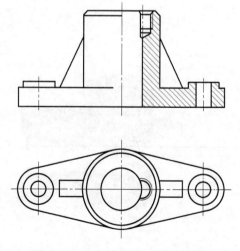

图 3-51 基本对称机件的半剖视图

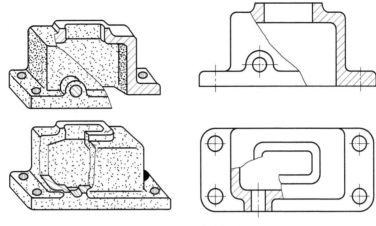

图 3-52 局部剖视图

1）不对称的机件需要同时表达其内外形状。

2）机件只有局部内部形状需要表达，而又不必或不宜采用全剖视图。

画局部剖视图时，需要注意以下几个问题：

1）波浪线不能超出图形轮廓线。

2）波浪线不能穿孔而过。如遇到孔、槽等结构时，波浪线必须断开。

3）波浪线不能用图中的轮廓线代替，也不能与其延长线重合。

4）当被剖结构为回转体时，允许将该结构的轴线作为局部剖视图的分界线，如图 3-53 中的主视图所示。

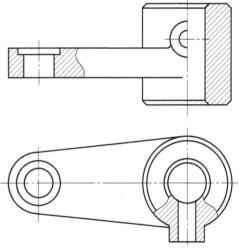

图 3-53 局部剖视图波浪线的画法

三、断面图（GB/T 4458.6—2002）

假想用剖切平面将机件的某处切断，仅画出剖切平面与机件接触部分的图形，这种图形称为断面图，如图 3-54a 所示。

断面图一般常用于表达机件上某处的剖面形状，如机件上的槽、孔、肋板和轮辐等。剖切平面一般应垂直于机件的主要轴线或剖切处的轮廓线。

断面图与剖视图的区别：断面图只画出物体被剖切处的断面形状，如图 3-54a 所示；而剖视图除了画出其断面形状之外，还必须画出断面后面所有可见轮廓，如图 3-54b 所示。

断面图分为移出断面图和重合断面图两种。

1. 移出断面图

画在视图之外的断面图称为移出断面图，如图 3-54a 所示的断面图。

（1）移出断面图的画法

1）移出断面图的轮廓线用粗实线绘制，并在断面上画出剖面符号，如图 3-54a 所示。

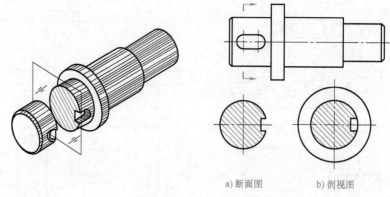

a) 断面图　　　　　b) 剖视图

图 3-54　断面图与剖视图

2）移出断面图应尽量配置在剖切符号的延长线上，如图 3-54a 所示。

3）当剖切平面通过由回转面形成的孔或凹坑等的轴线时，这些结构应按剖视图画出，如图 3-55 所示。

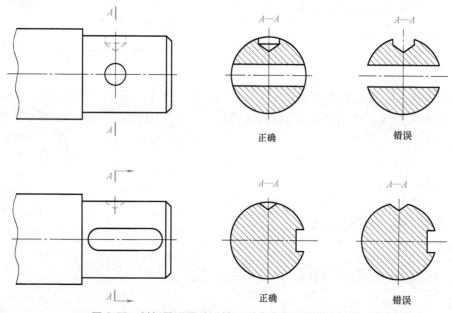

图 3-55　剖切平面通过回转面形成的孔和凹坑的轴线

4）当剖切平面通过非圆孔，导致出现完全分离的断面时，这些结构也应按剖视图画出，如图 3-56 所示。

5）断面图形状对称时，可画在视图的中断处，此时视图要用波浪线（或双折线）断开，如图 3-57 所示。

6）由两个或多个相交的剖切平面剖切得到的移出断面图，可画在一起，但中间需要用波浪线隔开，如图 3-58 所示。

（2）移出断面图的标注　对于移出断面图，一般应用剖切符号表示剖切位置，用箭头表示投射方向并标注大写英文字母，同时在断面图上方用相同的字母标注断面图名称，如图 3-56 所示。

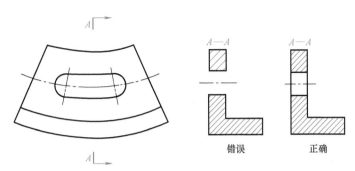

图 3-56 移出断面图

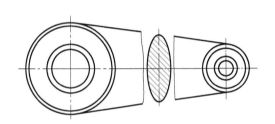

图 3-57 配置在视图中断处的移出断面图

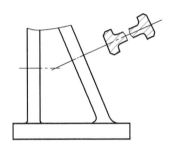

图 3-58 两个相交剖切平面剖切得到的移出断面图

1）完全标注。对于不对称的移出断面图，如果既不配置在剖切符号的延长线上，也不按投影关系配置时，必须完全标注，如图 3-59a 所示。

2）省略字母标注。配置在剖切符号的延长线上的移出断面图，可省略字母，如

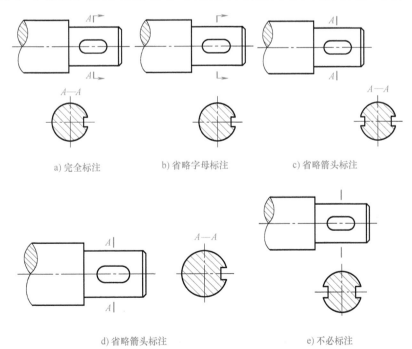

a) 完全标注   b) 省略字母标注   c) 省略箭头标注

d) 省略箭头标注   e) 不必标注

图 3-59 移出断面图的标注

图 3-59b 所示。

3）省略箭头标注。不配置在剖切符号延长线上的对称移出断面图和按投影关系配置的移出断面图，可省略表示投射方向的箭头，如图 3-59c、d 所示。

4）不必标注。配置在剖切符号延长线上的对称移出断面图和配置在视图中断处的对称移出断面图，以及多个相交剖切平面剖切得到的移出断面图，不必标注，分别如图 3-57、图 3-58 和图 3-59e 所示。

2. 重合断面图

剖开后，重叠画在视图轮廓线之内的断面图称为重合断面图，如图 3-60 所示。

（1）重合断面图的画法　重合断面图的轮廓线用细实线绘制。当视图中的轮廓线与重合断面的图形重叠时，视图中的轮廓线仍应连续画出，不可间断，如图 3-60a 所示。

（2）重合断面图的标注　相对于剖切位置线对称的重合断面图不必标注，如图 3-60b 所示；相对于剖切位置线不对称的重合断面图，应标注剖切位置和投射方向，如图 3-60a 所示。

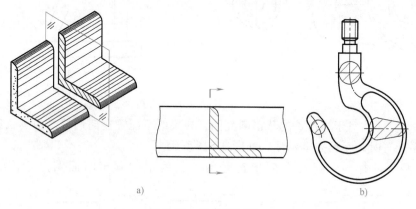

a)　　　　　　　　　　　　　　b)

图 3-60　重合断面图

四、局部放大图和简化画法

1. 局部放大图

将机件的部分结构，用大于原图的比例绘制的图形称为局部放大图，如图 3-61 所示。当机件上某些细小结构在视图上不易表达清楚，而且不便标注尺寸时，可用局部放大图表达其结构。

局部放大图根据需要可以画为视图、剖视图、断面图的形式，而与被放大部分的表示形式无关。局部放大图应尽量配置在被放大部位的附近。

局部放大图必须进行标注。应在原图上用细实线圈出被放大的部位。当机件上仅有一处被放大时，只需在局部放大图上方注明所采用的比例；如果有几处被放大，需用罗马数字依次标明被放大位置，并在局部放大图上方注出相应的罗马数字和所采用的比例，如图 3-61 所示。

2. 简化画法

1）当机件上具有若干直径相同且成规律分布的孔（如圆孔、螺纹孔和沉孔等）时，可以仅画出一个或几个，其余只需用点画线表示其中心位置，并注明孔的总数，如图 3-62 所示。

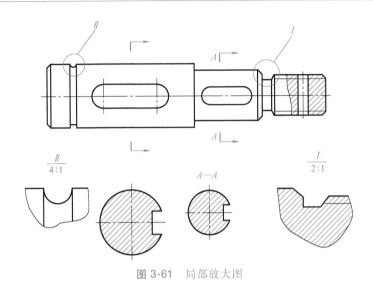

图 3-61 局部放大图

2）当机件上具有若干相同结构（齿或槽等），并按一定规律分布时，只需画出几个完整的结构，其余用细实线连接，并注明该结构的总数，如图 3-63 所示。

3）当机件回转体上均匀分布的肋、轮辐和孔等结构不处于剖切平面上时，可将这些结构旋转到剖切平面上画出，如图 3-64 所示。

4）在不致引起误解时，对于对称的视图可只画出一半或四分之一，并在对称中心线的两端画出两条与其垂直的平行细实线，如图 3-65 所示。

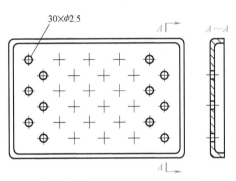

图 3-62 相同结构孔的简化画法

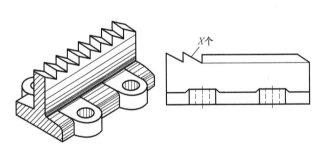

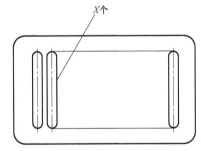

图 3-63 相同结构齿和槽的简化画法

5）较长的机件（轴、型材和连杆等）沿长度方向的形状一致或按一定规律变化时，可断开后缩短绘制，其尺寸按实际长度标注，如图 3-66 所示。

五、第三角投影法简介

目前，在国际上使用的有两种投影法，即第一角投影法和第三角投影法。中国、英国、德国和俄罗斯等国家采用第一角投影法，美国、日本和新加坡等国家采用第三角投影法。ISO 国际标准规定，在表达机件结构中，第一角投影法和第三角投影法同等有效。

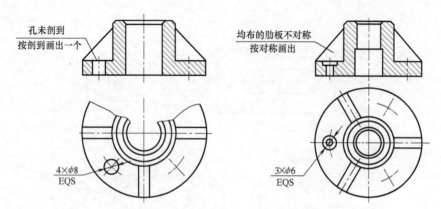

图 3-64　回转体上均布的肋和孔的画法

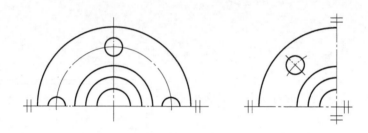

图 3-65　对称结构的简化画法

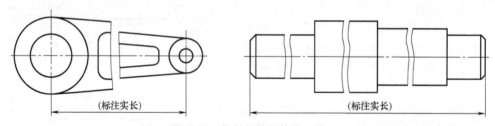

图 3-66　较长机件的简化画法

在 GB/T 14692—2008《技术制图　投影法》中规定了第三角投影法。

1. 机件在投影体系中的位置

第一角投影和第三角投影都采用正投影法，但物体放置的位置和视图配置位置不同。相互垂直的两个投影面正面 V 和水平面 H 将空间分为四个分角，如图 3-67 所示。第一角画法是将物体置于第一分角内进行投影，并使物体处于观察者与投影面之间，保持"人—物体—投影面"的投影关系；第三角画法是将物体置于第三分角内进行投影，并使投影面处于物体与观察者之间（假想投影面是透明的），保持"人—投影面—物体"的投影关系，第一角画法和第三角画法如图 3-68 所示。

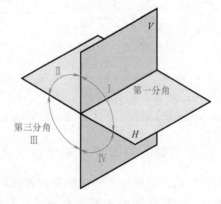

图 3-67　四个分角

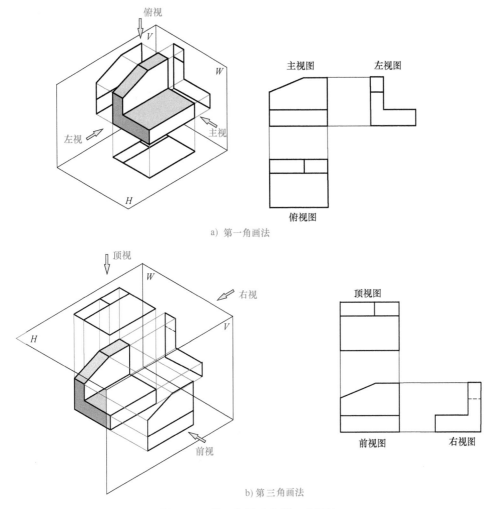

a) 第一角画法

b) 第三角画法

图 3-68　第一角画法和第三角画法

2. 第三角画法识别符号

根据 GB/T 14692—2008 规定，采用第三角画法时，必须在图样中画出如图 3-69a 所示的第三角画法的识别符号。采用第一角画法时，在图样中一般不画第一角画法的识别符号。

a) 第三角画法的识别符号

b) 第一角画法的识别符号

图 3-69　第三角画法和第一角画法的识别符号

【课堂讨论】：如何判断一条直线是否在某一个平面上？如何判断两直线平行、相交或交叉？

第四节 零 件 图

任何机器或部件都是由许多零件装配而成的。表达一个零件的结构形状、尺寸、材料和技术要求的图样称为零件图。技术人员根据装配图的设计要求绘制零件图，生产部门根据零件图的要求制造和检验零件。

零件分为标准件、常用件和一般零件，标准件通常由标准件厂家生产，不需绘制零件图。

一、零件图的内容

零件图必须准确、完整、清晰地表达零件的形状、大小和加工要求。图3-70所示为支架及其零件图，由图可见，一张完整的零件图应包括以下基本内容。

1. 一组视图

选用一组合适的视图、剖视图、断面图等图形，将零件的内、外形状正确、完整、清晰地表达出来。

2. 一组尺寸

确定零件各部分的大小和位置所需要的全部尺寸。

3. 技术要求

用规定的符号、代号、标记和文字说明等简明地给出零件制造和检验时所应达到的各项技术指标和要求，这些是加工和检验的依据，如表面粗糙度、尺寸公差、几何公差和材料热处理要求等。

4. 标题栏

表明零件名称、材料、数量、比例、图号，以及制图和审核等人员的签名和日期。

二、零件图的尺寸标注

零件图中的一组视图只能表示各个组成部分的形状，而其大小和位置则要通过标注的尺寸确定。

1. 标注尺寸的基本要求

标注尺寸的基本要求是：正确、完整、清晰、合理。

1）正确：尺寸标注要符合国家标准的有关规定。

2）完整：标注尺寸要齐全，不遗漏，不重复。

3）清晰：尺寸要尽量标注在最明显的视图上。

4）合理：尺寸标注要便于加工、测量和检验。

2. 零件的尺寸

零件的尺寸可分为定形尺寸、定位尺寸和总体尺寸。定形尺寸是确定零件各部分形状大小的尺寸；定位尺寸是确定各部分相对位置的尺寸；总体尺寸是零件的总长、总宽和总高。

3. 尺寸基准的选择

尺寸基准是零件装配到机器上或在加工测量时，用以确定其位置的一些点、线或面。标注尺寸时，只有正确选择尺寸基准才可能使标注的尺寸合理。

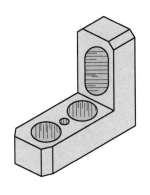

a) 支架

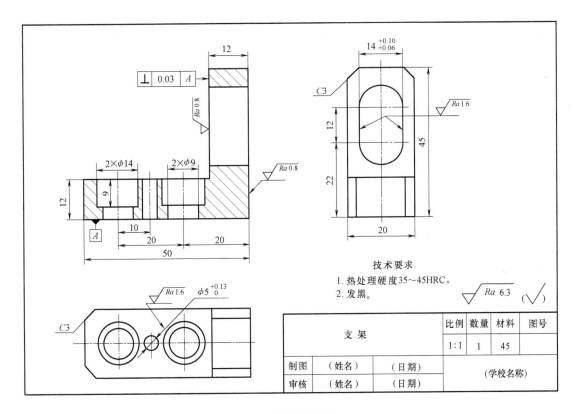

b) 支架的零件图

图 3-70 支架及其零件图

根据基准的作用不同，可把基准分为设计基准和工艺基准两类。

（1）设计基准 设计时用以确定该零件在机器中的位置和几何关系所选定的基准称为设计基准。

任何零件都有长、宽、高三个方向的尺寸基准，且每个方向只能选择一个设计基准；纯回转体只有径向和轴向设计基准，这些基准为主要基准。

常见的设计基准有以下几项：

1）零件上主要回转结构的轴线。

2）零件结构的对称中心面。

3）零件的重要支承面、装配面、两零件的重要结合面。

4）零件的主要加工面。

（2）工艺基准　工艺基准是确定零件在机床上加工时的装夹位置，以及测量零件尺寸时所利用的点、线、面。

工艺基准有时可能与设计基准重合。不与设计基准重合的工艺基准称为辅助基准。零件同一方向有多个尺寸基准时，主要基准只有一个，其余均为辅助基准，如图3-71所示。

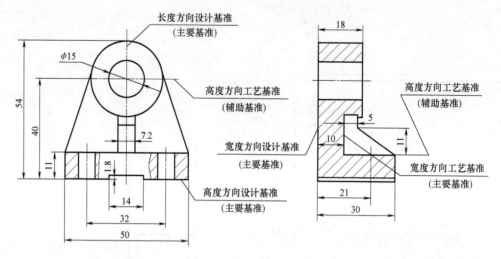

a) 叉架类零件

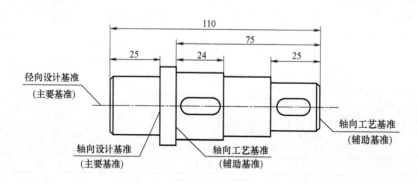

b) 轴类零件

图 3-71　零件的尺寸基准

4. 标注尺寸的形式

由于零件的结构特点及其在机器中的作用不同，零件图上标注尺寸的形式可以不同，通常有以下三种形式：

（1）链式　链式标注就是把尺寸依次标注成链状，后一个尺寸分别以前一个尺寸为基准，如图3-72a所示。其优点是尺寸精度只受这一段加工误差的影响，但总尺寸的误差是各段尺寸误差之和。链式标注常用于标注一系列孔之间的距离、阶梯状零件中尺寸要求十分精确的各段，以及用组合刀具加工的零件等。

（2）坐标式　坐标式就是各个尺寸均以某一个尺寸基准作为尺寸线起点的尺寸标注形式，如图 3-72b 所示。其优点是每个尺寸的加工精度只决定这一部分加工时的加工误差，不受其他尺寸误差的影响。坐标式标注用于标注需要从一个基准定出一组精确尺寸的零件。

（3）综合式　在实际标注中，很少单独采用坐标式或链式标注方法，而是在确定基准以后，一部分尺寸用坐标式标注，另一部分尺寸用链式标注，这种混合的标注方式称为综合式标注，如图 3-72c 所示。综合式标注具有以上两种标注形式的优点，是应用最为广泛的一种标注形式。

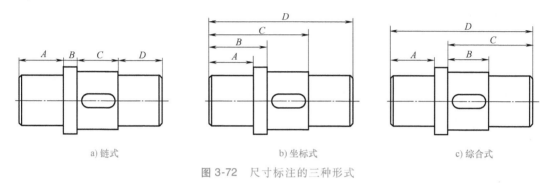

a) 链式　　　　　　　　b) 坐标式　　　　　　　　c) 综合式

图 3-72　尺寸标注的三种形式

5. 标注尺寸的注意事项

（1）结构上的重要尺寸必须直接标出　重要尺寸是指影响零件工作性能、精度和装配技术要求的尺寸。这些尺寸必须直接标出，不能通过换算得到。因为零件在加工制造时总会产生尺寸误差，为了保证其精度和质量，所以重要尺寸必须直接标出。

在图 3-73 中，中心高 a 为重要尺寸，应直接标出，如图 3-73a 所示。在图 3-73b 中，完成加工后，中心高 a 的误差等于 b 和 c 的误差之和，不能保证 a 的精度。

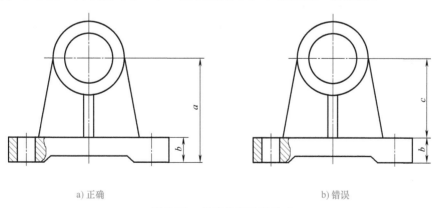

a) 正确　　　　　　　　　　　　　　b) 错误

图 3-73　直接标出重要尺寸

（2）不应出现封闭的尺寸链　封闭的尺寸链是指一个零件同一方向上的尺寸首尾相接，形成一个封闭尺寸链，其中每个尺寸为尺寸链中的一环。如图 3-74 所示，尺寸 a、b、c 组成了封闭尺寸链，这是不允许的。因为各段尺寸加工不可能绝对精确，总有一定的尺寸误差，而各段尺寸误差的和不可能恰好等于总体尺寸的误差。因此，标注尺寸时，应在尺寸链中选择一个不重要的环空出不标注，称为开口环。这时，各段加工的误差都累积至开口环上，而对设计要求没有影响。在图 3-74 中，不应标注尺寸 c。

三、零件图的技术要求

零件图是制造零件的技术文件，除了包含图形和尺寸之外，还必须有制造该零件时应该达到的一些精度要求，一般称为技术要求。零件图上的技术要求通常包括表面粗糙度、尺寸公差与配合、形状公差和位置公差、材料及其热处理等内容。

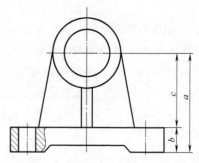

图 3-74　不应出现封闭的尺寸链

1. 表面粗糙度

表面粗糙度是指零件加工过程造成的微观表面凹凸不平的程度，如图 3-75 所示。

经常用轮廓算术平均偏差 Ra 作为表面粗糙度的评定参数。轮廓算术平均偏差 Ra 是指在一个取样长度 l 内，被测轮廓上各点至轮廓中线偏距绝对值的算术平均值，如图 3-76 所示。Ra 数值越小，表明零件表面越光滑。

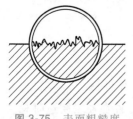

图 3-75　表面粗糙度

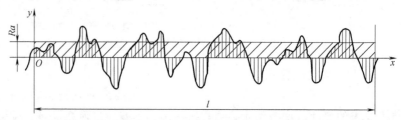

图 3-76　轮廓算术平均偏差 Ra

表面粗糙度符号、代号的意义见表 3-6。

表 3-6　表面粗糙度符号、代号的意义

符　号	意　　义
$\sqrt{}$ $Ra\ 3.2$	用任何方法获得的表面粗糙度，Ra 的上限值为 $3.2\mu m$
$\sqrt{}$ $Ra\ 1.6$	用去除材料的方法获得的表面粗糙度。如车、铣、钻、磨、剪切、抛光、腐蚀、电火花加工和气割等。Ra 的上限值为 $1.6\mu m$
$Ra\ 25$	用不去除材料的方法获得的表面粗糙度。如铸、锻、冲压变形、热轧、冷轧和粉末冶金等，或者是用于保持供应状况的表面。Ra 的上限值为 $25\mu m$
$Ra\ 1.6$　　$Ra\ 25$	表示所有表面具有相同的表面粗糙度要求

2. 极限与配合

（1）零件的互换性　所谓零件的互换性，是指从一批相同的零件中任意取一件，不经修配就能装配到机器上使用，并能保证使用性能要求。例如滚动轴承、键和销都具有互换性。

零件具有互换性，不仅有利于机器的装配和修理，而且为机械工业现代化和专业化生产、提高劳动生产率提供了重要条件。

零件的互换性主要是通过规定零件的尺寸系列、尺寸公差、表面形状和位置公差及表面粗糙度等要求来实现的。

（2）极限与配合标准　在实际生产中，为了使零件具有互换性，并不要求一批零件的同一尺寸绝对相等，而是要求在一个合理的范围之内。为了表达尺寸的这个合理范围，需要在零件图上的尺寸之后加注带正负号的小数或零，如 $\phi36^{+0.025}_{0}$ 和 $\phi36^{+0.059}_{+0.043}$。

下面参照图 3-77 说明有关术语。

1）公称尺寸。由图样规范定义的理想形状要素的尺寸，如 $\phi36^{+0.025}_{0}$ 中的 $\phi36$。

2）实际尺寸。拟合组成要素的尺寸，即通过测量得到的尺寸。

3）极限尺寸。尺寸要素的尺寸所允许的极限值。尺寸要素允许的最大尺寸称为上极限尺寸，尺寸要素允许的最小尺寸称为下极限尺寸。为了满足要求，零件的实际尺寸需

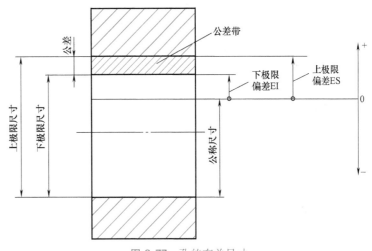

图 3-77　孔的有关尺寸

要位于上、下极限尺寸之间。例如 $\phi36^{+0.059}_{+0.043}$ 的两个极限尺寸分别为

上极限尺寸 $= 36\text{mm} + 0.059\text{mm} = 36.059\text{mm}$

下极限尺寸 $= 36\text{mm} + 0.043\text{mm} = 36.043\text{mm}$。

4）偏差。极限尺寸（或实际尺寸）减去其相应的公称尺寸所得的代数差，称为偏差。偏差可以为正、负或零。极限偏差又分为上极限偏差和下极限偏差。

上极限偏差（轴 es，孔 ES）= 上极限尺寸-公称尺寸

下极限偏差（轴 ei，孔 EI）= 下极限尺寸-公称尺寸

例如 $\phi36^{+0.059}_{+0.043}$ 的上极限偏差为 $+0.059\text{mm}$，下极限偏差为 $+0.043\text{mm}$。

上、下极限偏差数值相等，符号相反时，采用对称标注，如 $\phi36\pm0.012$。

5）公差。上极限尺寸与下极限尺寸之差。

公差 = 上极限尺寸-下极限尺寸 = 上极限偏差-下极限偏差

公差是一个没有符号的绝对值。例如 $\phi36^{+0.059}_{+0.043}$ 的公差为 $0.059\text{mm} - 0.043\text{mm} = 0.016\text{mm}$。

6）公差带和公差带图。公差带是指公差极限之间（包括公差极限）的尺寸变动值。为了便于分析，一般将尺寸公差与公称尺寸的关系，按放大比例画成简图，称为公差带图。在公差带图中，以公称尺寸作为基准线，以确定偏差的正、负号。公差带图如图 3-78 所示。

7）标准公差与基本偏差。标准公差确定公差带的大小，用"国际公差"符号 IT 表示。标准公差取决于公称尺寸和标准公差等级。标准公差等级用字符 IT 和等级数字表示，分为 IT01、IT0、IT1、IT2、…、IT18 共 20 个等级。IT01 精度最高，公差带最小，精度要求最

高；IT18 精度最低，公差带最大，精度要求最低。标准公差数值可由公称尺寸和公差等级从标准公差数值表中查取。

基本偏差确定公差带相对公称尺寸的位置，是指最接近公称尺寸的那个极限偏差，可以是上极限偏差或下极限偏差。基本偏差用字母表示，大写字母表示孔的基本偏差，小写字母表示轴的基本偏差，如 B、d。国家标准分别对孔和轴各规定了 28 个不同的基本偏差。

公差带（基本偏差）相对于公称尺寸位置的示意说明如图 3-79 所示。

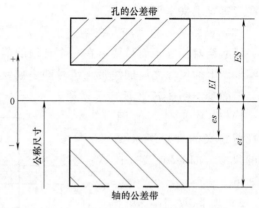

图 3-78　公差带图

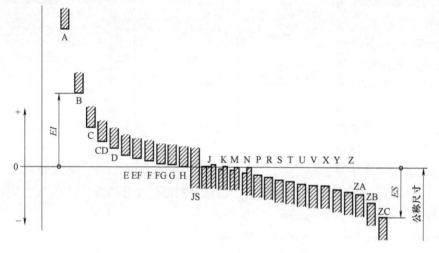

a) 孔(内尺寸要素)

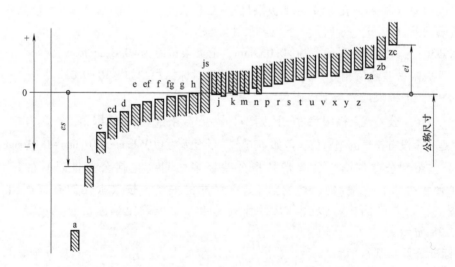

b) 轴(外尺寸要素)

图 3-79　公差带（基本偏差）相对于公称尺寸位置的示意说明

8）轴、孔的公差带代号。轴和孔的公差带代号由基本偏差和公差等级代号组成，IT 省略，如 H8。

ϕ50H8 的含义：公称尺寸为直径 50mm，公差等级为 8 级，基本偏差为 H 的孔的公差带。

ϕ30f7 的含义：公称尺寸为直径 30mm，公差等级为 7 级，基本偏差为 f 的轴的公差带。

（3）配合及其分类　所谓配合是指类型相同且待装配的外尺寸要素（轴）和内尺寸要素（孔）之间的关系。它反映了孔和轴之间的松紧程度。按配合性质不同，配合可分为间隙配合、过渡配合和过盈配合三类。

1）间隙配合。孔和轴装配时总是存在间隙的配合，称为间隙配合。此时，孔的下极限尺寸大于或在极端情况下等于轴的上极限尺寸，如图 3-80 所示。图中限制公差带的水平粗实线表示基本偏差，限制公差带的虚线代表另一个极限偏差。当孔、轴有相对移动或转动时，必须选择间隙配合。

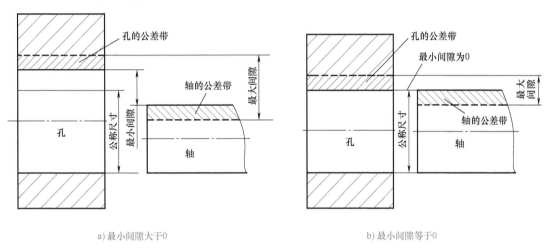

a) 最小间隙大于0　　　　　　　　　　　　b) 最小间隙等于0

图 3-80　间隙配合

2）过盈配合。孔和轴装配时总是存在过盈的配合，称为过盈配合。此时，孔的上极限尺寸小于或在极端情况下等于轴的下极限尺寸，如图 3-81 所示。当孔、轴之间无键、销等

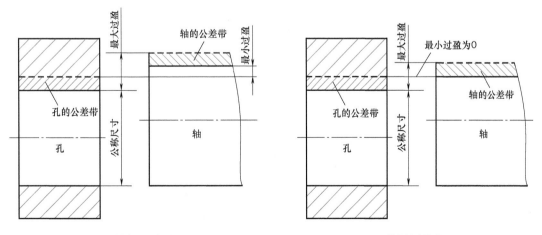

a) 最小过盈大于0　　　　　　　　　　　　b) 最小过盈等于0

图 3-81　过盈配合（孔的基本偏差为 0）

连接件，只靠孔和轴之间的配合传递动力时，必须采用过盈配合。

3）过渡配合。孔和轴装配时可能具有间隙或过盈的配合称为过渡配合。此时，孔的公差带与轴的公差带完全重叠或部分重叠，如图 3-82 所示。当孔、轴之间无相对运动，同心度要求较高，且不靠配合传递动力时，常采用过渡配合。

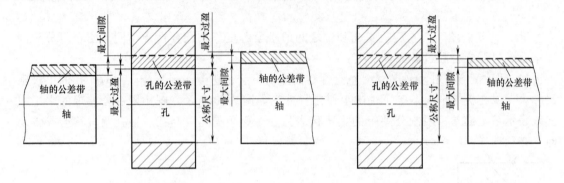

a) 轴、孔的公差带部分重叠　　　　　　　　　　　b) 轴、孔的公差带完全重叠

图 3-82　过渡配合（孔的基本偏差为 0）

（4）配合的基准制　在加工具有配合性质的孔和轴时，要以孔或轴的其中一方为基准，而让另一方与之配合。把孔作为基准的配合称为基孔制配合，把轴作为基准的配合称为基轴制配合。

1）基孔制配合。基孔制配合是基本偏差为一定的孔的公差带与不同轴的公差带形成的各种配合制度，如图 3-83 所示。基孔制配合中选做基准的孔称为基准孔，其基本偏差为零，即下极限偏差等于零，上极限偏差为正值，基本偏差代号为 H。

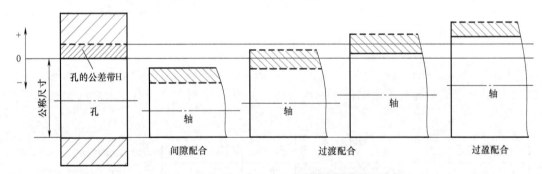

图 3-83　基孔制配合

2）基轴制。基轴制是基本偏差为一定的轴的公差带与不同孔的公差带形成的各种配合制度，如图 3-84 所示。基轴制配合中选做基准的轴称为基准轴，其基本偏差为零，即上极限偏差等于零，下极限偏差为负值，基本偏差代号为 h。

机器中多采用基孔制，这是因为轴比孔容易加工，因而可降低加工成本。有些场合必须采用基轴制，如滚动轴承的外圈与机座孔的配合，因为滚动轴承为标准件，即轴的尺寸公差和精度是不能变动的，所以配合性质只能通过改变孔的极限尺寸来获得。

（5）极限与配合的标注　装配图中配合代号的标注如图 3-85 所示，代号必须写在其公称尺寸的右边，用分数形式注出，分子为孔的公差带代号，分母为轴的公差带代号。

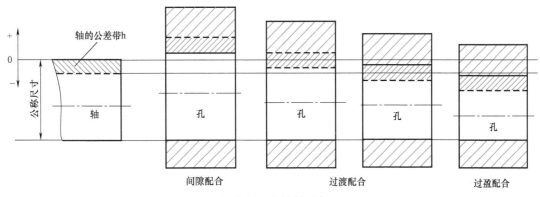

图 3-84 基轴制配合

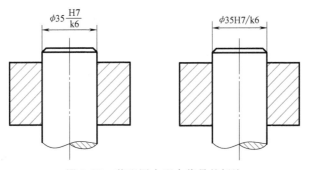

图 3-85 装配图中配合代号的标注

在零件图中，只需标注尺寸公差。用于大批量生产的零件图，可只标注公差带代号，如图 3-86a 所示；用于中小批量生产的零件图，一般只注出极限偏差，上极限偏差注在右上角，下极限偏差注在右下角，如图 3-86b 所示。

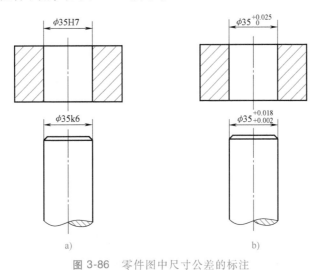

图 3-86 零件图中尺寸公差的标注

【课堂讨论】：尝试绘制身边物体的零件图，考虑如何用最少的视图即可正确表达其结构。

第五节 装 配 图

任何机器或部件都是由零件根据其性能和工作原理，按一定的装配关系和技术要求装配在一起的。表达机器或部件工作原理、各零件之间的装配关系以及主要零件的主要形状的工程图样称为装配图。

在设计过程中，一般先根据设计要求画出装配图，用以表达机器或部件的工作原理、结构形状、装配关系、传动路线和技术要求等，然后再根据装配图进行零件设计并画出零件图。

在产品制造过程中，根据零件图加工制造零件，再按照装配图把零件组装成机器。装配图是制定装配工艺流程，进行装配、检验、安装和调试的技术依据。

在机器或部件使用和维修过程中，需要通过装配图来了解机器的工作原理、构造和操作方法，从而决定机器或部件的操作、保养、维修和拆装方法。

如图 3-87 所示为虎钳，图 3-88 所示为虎钳装配图。由图可见，一张完整的装配图，应包括以下基本内容。

一、一组视图

用一组视图完整、清晰、准确地表达机器的工作原理、各零件的相对位置及装配关系、连接方式和重要零件的形状结构。

二、必要的尺寸

装配图上只需要标注表示机器或部件的规格、装配、检验及安装的一些尺寸。

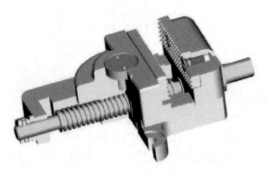

图 3-87 虎钳

1. 规格、性能尺寸

表示机器或部件的性能或规格的尺寸，是选用该部件的依据，如图 3-88 所示中心距高 20。

2. 装配尺寸

装配尺寸是表示机器或部件上相关零件之间装配关系的尺寸，如图 3-88 所示螺杆与固定钳身的配合尺寸 $\phi 12H9/f9$。

3. 安装尺寸

安装尺寸是表示部件安装到机器上，或机器安装到地基上用于定位的尺寸，如图 3-88 中地脚螺栓孔尺寸等。

4. 外形尺寸

外形尺寸是表示机器或部件的总长、总宽和总高的尺寸，反映了机器或部件的体积大小。它是包装、运输、安装以及厂房设计时需要考虑的尺寸。

5. 其他重要尺寸

其他重要尺寸是除以上四类尺寸外，在装配或使用中必须说明的尺寸，如运动零件的位移尺寸等。

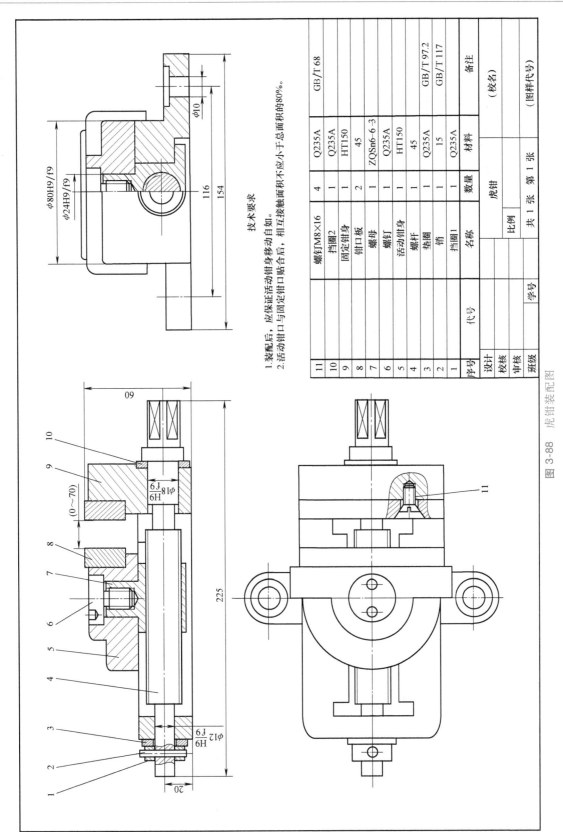

图 3-88　虎钳装配图

11		螺钉M8×16	4	Q235A		GB/T 68
10		挡圈2	1	Q235A		
9		固定钳身	1	HT150		
8		钳口板	2	45		
7		螺母	1	ZQSn6-6-3		
6		螺钉	1	Q235A		
5		活动钳身	1	HT150		
4		螺杆	1	45		
3		垫圈	1	Q235A		GB/T 97.2
2		销	1	15		GB/T 117
1		挡圈1	1	Q235A		
序号	代号	名称	数量	材料		备注

技术要求

1. 装配后，应保证活动钳身移动自如。
2. 活动钳口与固定钳口贴合后，相互接触面积不应小于总面积的80%。

三、技术要求

说明机器或部件的性能和装配、调整、试验等所必须满足的技术条件。

四、零件的序号、明细栏和标题栏

在装配图中，应对每个不同的零件（或组件）编写序号，在零件明细栏中依次填写零件的序号、名称、数量、材料以及备注等内容。

在标题栏中注出机器或部件的名称、比例、图样代号以及设计、校核和审核人员的签名等内容。

明细栏画在标题栏的上方。零件序号应从下而上编写，以便增加零件时，可继续向上画表格。

学生做作业可使用图 3-89 所示的简单格式的明细栏和标题栏。

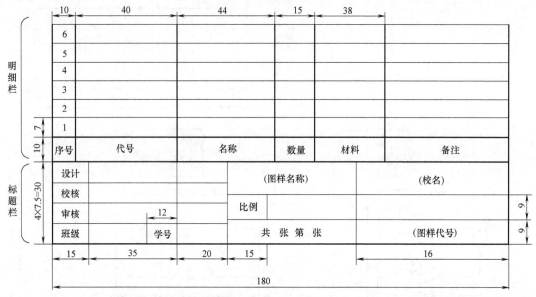

图 3-89 装配图标题栏和明细栏格式

本 章 小 结

● 机械图样是零件加工、检验，部件或整台机器装配的依据。国家标准对机械图纸幅面、格式、比例、字体、图线和尺寸标注方法进行了规定。

● 工程上常用的投影法可分为两大类：中心投影法和平行投影法。机械图样采用正投影法绘制图形。正投影具有存真性、积聚性和类似性等特性。

● 三视图包括主视图、俯视图和左视图。三视图之间的投影规律为：长对正、高平齐和宽相等。

● 机械零件的表达方法包括视图、剖视图、断面图、局部放大图、简化画法以及第三角投影法等。

● 零件分为标准件、常用件和一般零件，标准件通常由标准件厂家生产，不需绘制零件图。零件图用来表达一个零件的结构形状、尺寸、材料和技术要求等。

● 装配图用来表达机器或部件工作原理、各零件之间的装配关系、主要零件的主要形状、传动路线和技术要求等。在设计机械产品时，先绘制装配图，然后根据装配图设计绘制零件图。

拓 展 阅 读

◆ 机械制图发展史

机械制图是用图样确切表示机械的结构形状、尺寸大小、工作原理和技术要求的学科。用图状物记事的起源很早，如我国宋代苏颂和赵公廉所著《新仪象法要》中已附有天文报时仪器的图样，明代宋应星所著《天工开物》中也有大量的机械图样，但尚不严谨。1799年，法国学者蒙日发表《画法几何》著作，自此机械图样中的图形开始严格按照画法几何的投影理论绘制。

20世纪前，图样都是利用一般的绘图工具手工绘制。20世纪初出现了机械结构的绘图机，提高了绘图的效率。20世纪70年代，计算机图形学、计算机辅助设计（CAD）、计算机绘图在我国得到迅猛发展，除了国外一批先进的图形和图像软件如AutoCAD、CADkey、Pro/E等得到广泛使用外，我国自主开发的一批国产绘图软件，如天正建筑CAD、高华CAD、开目CAD、凯图CAD等也在设计、教学、科研和生产单位得到广泛使用。基于我国现代化建设的迫切需要，计算机技术将进一步与工程制图结合，计算机绘图和智能CAD将进一步得到深入发展。

思 考 题 与 习 题

3-1 图纸的基本幅面有____、____、____和____四种。A0幅面面积是A1幅面面积的____倍，是A2幅面面积的____倍。

3-2 试说明粗实线、细虚线、细点画线、细实线的主要用途。

3-3 试说明比例1:2和比例2:1的意义。

3-4 完整尺寸由_____、_____和_____三部分组成。

3-5 投影法有_____和_____两大类，机械制图中采用_____投影法。

3-6 正投影的投影特性为_____、_____和_____。

3-7 一个平面，在垂直于该平面的投影面上的投影为_____，在平行于该平面的投影面上的投影为_____，在倾斜于该平面的投影面上的投影为_____。

3-8 一条直线，在垂直于该直线的投影面上的投影为_____，在平行于该直线的投影面上的投影为_____，在倾斜于该直线的投影面上的投影为_____。

3-9 三视图指的是_____、_____和_____。

3-10 三视图的投影规律为_____、_____和_____。

3-11 试分别绘制图3-90所示物体的三视图，并比较其三视图的异同。

3-12 试分别绘制图3-91所示物体的三视图。

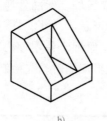

a) b) c)

图 3-90 题 3-11 图

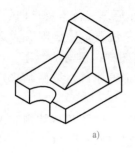
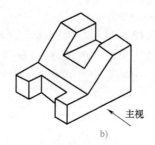

a) b) c)

图 3-91 题 3-12 图

3-13 视图有几种？各适用于哪些场合？

3-14 对各种视图的配置和标注有什么规定？

3-15 什么是剖视图？画剖视图时需要注意什么问题？

3-16 如何标注剖视图？在什么情况下可省略标注？

3-17 剖切面有几种形式？分别适用于哪些场合？

3-18 剖视图可分为哪几类？各适用于哪些场合？

3-19 断面图有几种形式？

3-20 什么是局部放大图？如何对其进行标注？

3-21 零件图包括哪些内容？

3-22 根据 $\phi75^{-0.060}_{-0.106}$ 说明公称尺寸、上极限偏差、下极限偏差、上极限尺寸、下极限尺寸和公差。

3-23 说明基孔制配合中基准孔的基本偏差代号和基轴制配合中基准轴的基本偏差代号。

3-24 绘制装配图的作用是什么？

3-25 装配图包括哪些内容？

3-26 装配图应标注哪些尺寸？

第四章

机构的组成原理与常用机构

【内容提要】

　　机构是机器的重要组成部分，是传递和转换运动的机件组合体。本章首先对机构的组成要素和机构运动简图进行介绍，然后重点介绍平面机构自由度的计算方法和注意事项，最后对常用的机构——平面连杆机构、凸轮机构和间歇运动机构的基本知识进行介绍。

【学习目标】

　　1. 掌握平面机构中构件与运动副的类型；
　　2. 了解机构运动简图的概念、意义和表达方法，并能够看懂机构运动简图；
　　3. 掌握平面机构自由度的计算方法，并理解平面机构具有确定运动的条件；
　　4. 掌握平面连杆机构的类型、运动特性和传力特性；
　　5. 理解凸轮机构的分类、常用运动规律及其特点；
　　6. 掌握对心直动尖顶从动件盘形凸轮轮廓线的设计方法；
　　7. 了解常用间歇运动机构的组成、工作原理、类型和应用。

第一节　机构的组成

　　机构是具有确定运动的机件组合体。不能运动或无规律乱动的机件组合体都不是机构。

　　机构分为平面机构和空间机构两大类。各运动机件都在相互平行的平面内运动的机构，称为平面机构，否则称为空间机构。平面机构应用最广，且为分析与设计空间机构的基础，因此这里以平面机构为主要研究对象。

一、构件的分类

　　构件是独立运动的单元体，在机构中，按其功能的不同，构件又可分为以下三类：

　　（1）机架　固定不动或固接于定参考坐标系的构件称为机架。其功能是支承活动构件，如图 4-1 所示活塞泵机构中缸体 5 的作用是支承齿条（活塞 4），故为机架。

（2）原动件　运动规律已知的活动构件称为原动件。它的运动由外界输入，又称为输入构件。图 4-1 中的带轮 1 为原动件。

（3）从动件　从动件是机构中随着原动件的运动而运动的其余活动构件，其中输出预期运动的从动件称为输出构件或执行从动件，其他从动件的作用是传递运动和动力，称为一般从动件。在图 4-1 所示的活塞泵机构中，活塞 4 为执行从动件，连杆 2 和齿轮 3 为一般从动件。

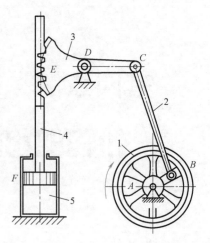

图 4-1　活塞泵机构

1—带轮　2—连杆　3—齿轮

4—活塞　5—缸体

二、运动副

机构是由多个构件连接而成的，而且这种连接不是固定连接，被连接的两个构件可以做相对运动。两个构件直接接触并能做相对运动的活动连接称为运动副。例如内燃机的缸体与活塞之间的连接即为运动副。

两个构件组成运动副，其接触分为点、线或面接触。按照接触特性，通常把运动副分为低副和高副两类。

1. 低副

两个构件通过面接触组成的运动副称为低副。在平面机构中，根据构成低副两构件间的相对运动形式，低副又可分为转动副和移动副。

（1）转动副　两构件只能在平面内做相对转动的运动副，如图 4-2 所示。

（2）移动副　两构件只能沿某一轴线相对移动的运动副，如图 4-3 所示。

2. 高副

两个构件通过点、线接触组成的运动副称为高副。图 4-4a 所示的凸轮 1 和从动件 2，以及图 4-4b 所示的齿轮 1 和齿轮 2 组成的运动副均为高副。

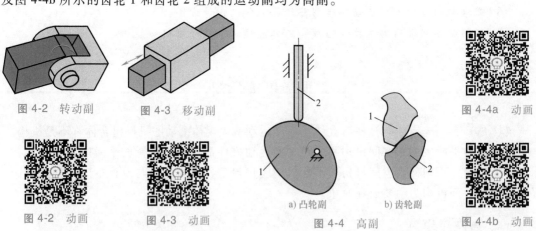

图 4-2　转动副　　图 4-3　移动副

图 4-2　动画　　图 4-3　动画

a) 凸轮副　　b) 齿轮副

图 4-4　高副

图 4-4a　动画

图 4-4b　动画

除上述平面运动副之外，机械中还经常见到球面副和螺旋副等运动副，如图 4-5 所示。由于组成这些运动副的两构件之间的相对运动为空间运动，因此这些运动副属于空间运动副。同时，在球面副和螺旋副中，两构件为面接触，所以为低副。

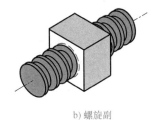

a) 球面副　　　　　　　　　　　　　b) 螺旋副

图 4-5　空间运动副

图 4-5a　动画　　　　　　　　　　　　　　　　　　　　　　　　　图 4-5b　动画

【课堂讨论】：当人骑自行车前进时，自行车的哪个部分为机架？哪个部分为原动件？哪个部分为从动件？各构件之间是以什么类型的运动副连接？

第二节　机构运动简图

通常情况下，实际构件的外形和结构比较复杂，在对机构进行分析时，只需要关注与运动有关的尺寸，而忽略与运动无关的构件外形和运动副的具体构造。

用国家标准规定的简单符号和线条来表示构件和运动副，并按照一定的比例尺绘制各构件与运动有关的尺寸和相对位置的简明图形，称为机构运动简图。

无论是对现有机构进行分析，还是构思新机械的运动方案以及组成机械的各机构做进一步的运动及动力设计与分析，都需要使用机构运动简图。在机构运动简图中，原动件需要用箭头标出。

机构运动简图常用的规定符号见表 4-1。

表 4-1　机构运动简图常用的规定符号

名称	符号	
	两运动构件组成的运动副	两构件之一为机架组成的运动副
转动副		
移动副		

（续）

名称	符号

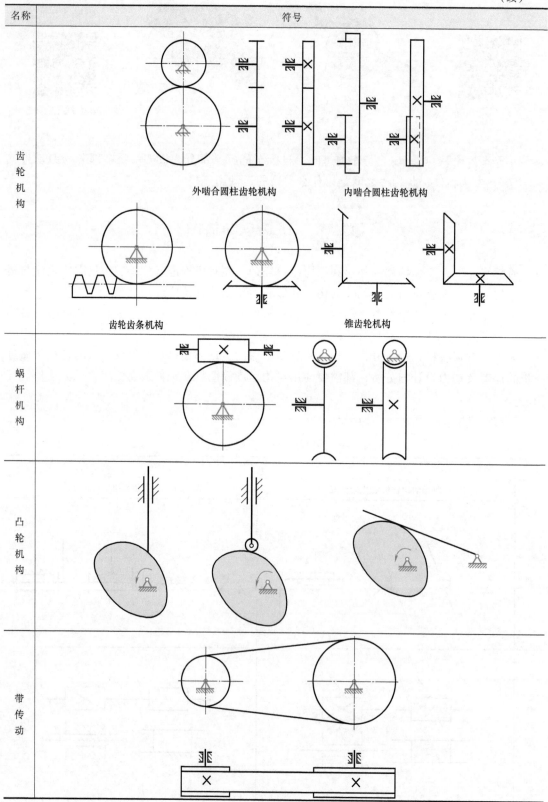

齿轮机构

外啮合圆柱齿轮机构　　内啮合圆柱齿轮机构

齿轮齿条机构　　锥齿轮机构

蜗杆机构

凸轮机构

带传动

图 4-6 所示为内燃机的机构运动简图，图 4-7 所示为活塞泵的机构运动简图。

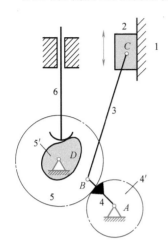

图 4-6　内燃机的机构运动简图

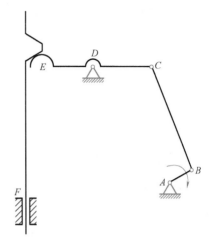

图 4-7　活塞泵的机构运动简图

【课堂讨论】：绘制机构运动简图的目的是什么？绘制时，需要关注构件的哪些尺寸，忽略哪些尺寸？

第三节　平面机构的自由度

一、构件的自由度

确定构件位置（或运动）所需独立参变量的数目称为构件的自由度数（简称自由度）。

还没有通过运动副与其他构件相连接的构件称为"自由构件"。做平面运动的自由构件具有三个独立运动，即沿 x 轴和 y 轴的移动，以及在 xOy 平面内的转动，故其自由度为 3，如图 4-8 所示。

二、运动副的约束

当两构件组成运动副后，各自的运动都受到限制，自由度随之减少，这种限制称为约束。不同种类的运动副引入的约束不同，所保留的自由度也不同。

1. 低副的约束

在图 4-9a 所示的转动副中，构件 1 相对构件 2 只有一个独立的转动，被约束掉了两个独立的移动。在图 4-9b 所示的移动副中，构件 1 相对构件 2 只有一个独立的移动，被约束掉了一个移动和一个转动。因此，在平面机构中，每个低副引入两个约束，使构件失去两个自由度。

2. 高副的约束

在图 4-10 所示的平面高副中，高副限制构件 1 相对构件 2 沿接触处公法线方向的移动，保留了绕接触点的转动和沿接触处公切线方向的移动。因此，在平面机构中，每个高副引入一个约束，使构件失去一个自由度。

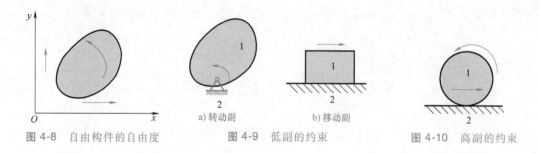

图 4-8　自由构件的自由度　　　　图 4-9　低副的约束　　　　图 4-10　高副的约束

三、平面机构的自由度计算

设平面机构共有 N 个构件，除去一个固定构件（即机架）后，活动构件数为 $n=N-1$，在未用运动副连接之前，n 个活动构件的总自由度数目为 $3n$。当用运动副把这些构件连接起来之后，由于运动副引入了约束，各构件的自由度减少。假设机构中有 P_L 个低副和 P_H 个高副，这些运动副引入的约束总数为 $2P_L+P_H$，因此，活动构件的自由度总数减去运动副引入的约束总数即为该机构的自由度，用 F 表示，则有

$$F=3n-2P_L-P_H \tag{4-1}$$

以下给出几种平面机构的自由度计算结果。

如图 4-11 所示的四杆机构中，$n=3$，$P_L=4$，$P_H=0$，则该机构的自由度 F 为

$$F=3n-2P_L-P_H=3\times3-2\times4-0=1$$

如图 4-12 所示的五杆机构中，$n=4$，$P_L=5$，$P_H=0$，则该机构的自由度 F 为

$$F=3n-2P_L-P_H=3\times4-2\times5-0=2$$

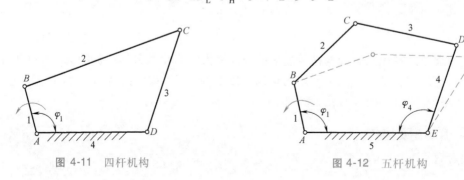

图 4-11　四杆机构　　　　　　　　　图 4-12　五杆机构

四、平面机构具有确定运动的条件

平面机构的自由度为机构相对于机架所具有的独立运动的数目。由于从动件是不能独立运动的，只有原动件才能独立运动。一般情况下，每个原动件只有一个独立运动（如用电动机作为原动机，其输出为一个独立的转动；用液压缸或气压缸作为原动机，其输出为一个独立的移动），因此，机构具有确定运动的条件是：自由度 $F>0$，且 $F=$ 原动件的数目。

当机构的原动件数目不等于自由度时，则会产生以下现象：

1）如图 4-12 所示的五杆机构，其自由度为 2，当机构只有一个原动件 1 时，即只给定原动件 1 相对于机架的位置 φ_1 时，从动件 2、3、4 的位置不能确定。只有给出两个原动件，如构件 1 和 4 为原动件，即给定了构件 1 和 4 相对于机架的位置 φ_1 和 φ_4，这时构件 2、3 的

位置即可确定，即各构件的相对运动都是确定的。

2）如图 4-13 所示的四杆机构，其自由度为 1，原动件数为 2，如果原动件 1 和 3 的给定运动都要同时满足，构件 2 将会被拉断。

显然，机构要能够运动，其自由度必须大于零。如果机构的自由度数 $F \leq 0$，则这些构件组合为刚性结构而不能做相对运动。如图 4-14 所示的系统，$n = 2$，$P_L = 3$，$P_H = 0$，自由度 $F = 0$，各构件之间不能产生相对运动，故不能成为机构，而是一个结构。

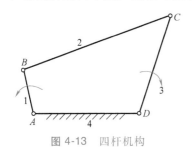

图 4-13 四杆机构

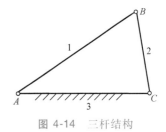

图 4-14 三杆结构

五、计算平面机构自由度的注意事项

计算平面机构的自由度时，遇到以下几种情况，需要特别注意。

1. 复合铰链

若两个以上构件在同一处组成转动副，即构成复合铰链。图 4-15 所示为三个构件组成的复合铰链，可以看出，三个构件组成了两个转动副。以此类推，从而可知由 m 个构件组成的复合铰链，其转动副的数目应为 $m-1$ 个。

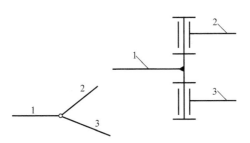
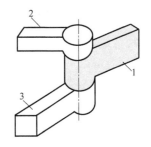

图 4-15 复合铰链

例 4-1 计算图 4-16 所示系统的自由度。

解：系统中共有五个活动构件，其中构件 2、3、4 在 C 处组成转动副，这三个构件实际上组成了两个转动副，因此该系统的自由度为

$$F = 3n - 2P_L - P_H = 3 \times 5 - 2 \times 7 - 0 = 1$$

2. 局部自由度

机构中某些构件所产生的局部运动，并不影响其他构件的运动，这种局部运动称为局部自由度。

图 4-17a 所示为滚子从动件凸轮机构。当原动件凸轮 1 转动时，通过滚子 4 驱动从动件 2 使其沿机架 3 上的导路往复移动。在此机构中，滚子 4 与从动件 2 组成一个转动副。可以看出，无论滚子 4 是否绕转动副转动或转动速度的快慢，均不影响从动件 2 的运动，因此滚

子 4 绕其轴线的转动为局部自由度。在计算该机构的自由
度时应将局部自由度去除。

处理局部自由度有以下两种方法。

1）将滚子 4 与从动件 2 视为一体，即为一个构件，
如图 4-17b 所示。这样重新计算机构的自由度为：$F = 3n - 2P_L - P_H = 3 \times 2 - 2 \times 2 - 1 = 1$。

2）修正机构自由度计算公式为：$F = 3n - 2P_L - P_H - k$
（k 为局部自由度数）。这样重新计算机构的自由度为：
$F = 3n - 2P_L - P_H - k = 3 \times 3 - 2 \times 3 - 1 - 1 = 1$。

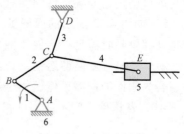

图 4-16 自由度计算

3. 虚约束

在一些特定的几何条件和结构条件下，某
些运动副所引入的约束与其他运动副的约束作
用是相同的，从而不起独立的限制作用，这种
约束称为虚约束。

在计算机构自由度时应将虚约束去除。虚
约束经常出现在以下几种情况中。

1）两个构件之间组成多个导路平行或重
合的移动副，只有其中一个移动副起约束作
用，其余均为虚约束。

如图 4-18 所示的四杆机构中，构件 3 和机
架 4 组成两个移动副 D 和 E，且导路中心线重

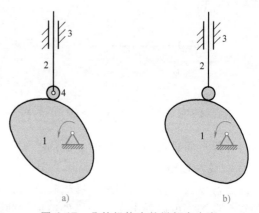

a)   b)

图 4-17 凸轮机构中的局部自由度

合，这时移动副 D、E 之一为虚约束，计算自由度时需要去掉。

2）两个构件之间组成多个轴线重合的转动副，只有其中一个转动副起作用，其余转动
副均为虚约束。

如图 4-19 所示为一安装在轴上的齿轮，齿轮所在轴的两端由两个轴承支承组成两个转
动副 A 和 B，且轴线重合，这时转动副之一为虚约束。

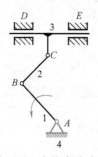

图 4-18 虚约束移动副

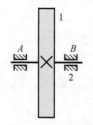

图 4-19 虚约束转动副

3）两构件上某两点间的距离在机构运动中始终保持不变，此时将该两点用一个构件和
两个转动副连接后，由此带入的约束为虚约束。

图 4-20 所示为一平行四边形机构，各构件的尺寸有如下的几何关系：$AB /\!/ DC /\!/ FE$，且
$AB = DC = FE$。该机构在运动过程中，构件 2 上的点 E 与机架 4 上的点 F 之间的距离始终保

持不变。若将 E、F 两点用一个构件 5 和两个转动副 E、F 连接起来，则附加的构件 5 和转动副 E、F 将提供 $F=3n-2P_L=3\times1-2\times2=-1$ 个自由度，即引入了一个约束，而实际上此约束对机构的运动并不起约束作用，故为虚约束。计算该平行四边形机构的自由度时，应假想去除构件 5 和转动副 E、F，去除虚约束后该机构的自由度为

$$F=3n-2P_L-P_H=3\times3-2\times4-0=1$$

4）两构件在多处构成高副，且过高副接触点所作的公法线重合，这时只有一个高副起实际约束作用，其余都是虚约束。

如图 4-21 所示的凸轮机构，为了保证凸轮 1 与从动件 2 在工作过程中始终保持接触状态，将凸轮机构设计成几何封闭的形式。凸轮 1 与从动件 2 在 A、B 两处形成高副，且过高副接触点所作的公法线重合。在计算自由度时，应仅考虑某一处高副的约束数，其余的为虚约束。

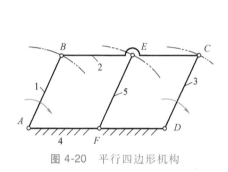

图 4-20 平行四边形机构

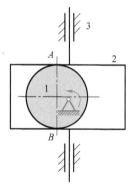

图 4-21 凸轮机构

5）在传递运动中，约束作用重复的对称部分或重复结构。

如图 4-22a 所示的轮系，为了减小每对齿轮的受力，使载荷均匀分布，在机构中增加了对传递运动起重复作用的齿轮 2′ 和 2″。齿轮 2、2′ 和 2″ 大小相同且均匀布置。在计算自由度时，仅考虑一个齿轮即可，其余两个齿轮及其引入的运动副均作为虚约束处理，即可按图 4-22b 所示机构计算自由度，$F=3n-2P_L-P_H=3\times3-2\times3-2=1$。

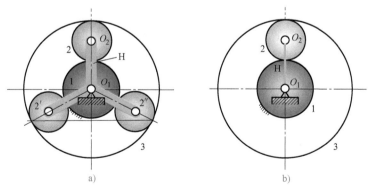

图 4-22 轮系

综上所述，可以看出机构中的虚约束都是在特定的几何条件下出现的，如果这些几何条件不成立，则虚约束就成为有效约束，机构将不能运动。

值得指出的是,机械设计中虚约束往往是根据某些实际需要采用的,如为了增强支承刚度,或为了改善受力,或为了传递较大功率等需要,只是在计算机构自由度时应去除虚约束。

例 4-2　计算图 4-23a 所示大筛系统的自由度,并判断该系统是否可以成为机构。

解:图 4-23a 中 C 处是复合铰链,滚子 G 处为局部自由度,移动副 E 和 F 之一为虚约束。计算自由度时,可假想把滚子 G 与构件 4 组成的转动副焊死,并去掉移动副 E,如图 4-23b 所示。此时,$n=7$,$P_L=9$,$P_H=1$,则有

$$F=3n-2P_L-P_H=3\times7-2\times9-1=2$$

因为,原动件数=自由度 F,所以图 4-23a 所示系统具有确定的运动,即可成为机构。

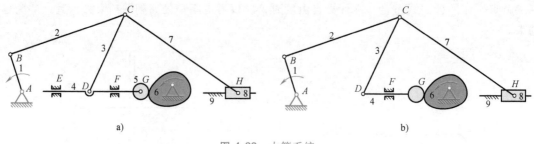

图 4-23　大筛系统

【课堂讨论】:空间自由构件有几个自由度?平面机构自由度计算公式是否适用于空间机构?

第四节　平面连杆机构

平面连杆机构是由若干刚性构件(一般多呈杆状和滑块状)通过低副(转动副和移动副)连接而组成的平面机构。

组成低副的两构件为面接触,因此运动副中压强小、磨损轻,故能承受较大载荷。又因为转动副和移动副的接触表面为圆柱面和平面,制造简单,易于获得较高的制造精度,而且安装方便,工作可靠,故平面连杆机构在各种机械和仪器中得到广泛应用。

连杆机构的缺点:机构中的构件不易精确实现复杂的运动规律;低副中存在间隙,有较多低副时,会引起运动累积误差;工作时,构件的惯性力和惯性力矩不易平衡,故不适于高速场合。本节主要对平面连杆机构的类型和工作特性进行介绍。

一、平面连杆机构的类型

最简单的平面连杆机构是由四个构件首尾连接组成的,称为平面四杆机构。它是组成多杆机构的基础。

1. 平面连杆机构的基本类型

用四个转动副连接的平面四杆机构称为铰链四杆机构,如图 4-24 所示。其中,固定不定的构件 4 为机架,直接与机架相连的构件 1、3 称为连架杆,不直接与机架相连的构件 2 称为连杆。根据连架杆是否可以绕机架做整周转动,连架杆可分为曲柄和摇杆。能绕机架做

整周转动的连架杆称为曲柄；仅能在某一角度范围内做往复摆动的连架杆称为摇杆（或摆杆）。

铰链四杆机构中存在两个连架杆，根据两个连架杆是否为曲柄，铰链四杆机构分为以下三种基本类型：

（1）曲柄摇杆机构 两连架杆中有一个为曲柄，另一个为摇杆的铰链四杆机构称为曲柄摇杆机构。**在曲柄摇杆机构中，若以曲柄为原动件，可将曲柄的连续转动转换为摇杆的往复摆动**，如图 4-25a 所示的雷达天线俯仰机构和图 4-25b 所示的搅拌机机构。如果以摇杆为原动件，曲柄为从动件，曲柄摇杆机构可将主动摇杆的往复摆动转化为曲柄的连续整周转动，如图 4-25c 所示的缝纫机踏板机构。

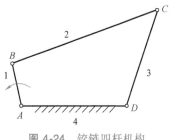

图 4-24 铰链四杆机构

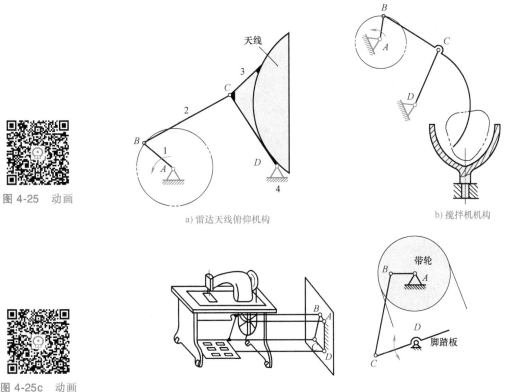

图 4-25 动画

图 4-25c 动画

a) 雷达天线俯仰机构　　　　　　b) 搅拌机机构

c) 缝纫机踏板机构

图 4-25 曲柄摇杆机构

（2）双曲柄机构 两连架杆均为曲柄的铰链四杆机构称为双曲柄机构。**一般情况下，主动曲柄做匀速转动，带动从动曲柄做变速转动。**图 4-26 所示的惯性筛机构是由双曲柄机构 *ABCD* 加连杆 5 和滑块 6（筛子）组成的。当原动件曲柄 *AB* 匀速转动时，带动从动曲柄 *CD* 做周期性变速回转运动，通过连杆 5，使滑块 6（筛子）获得较大的加速度，从而达到筛分物料的目的。

在双曲柄机构中，用得最多的是平行四边形机构，如图 4-27 所示。在平行四边形机构中，相对两杆平行且相等。其特点是：①两个曲柄以相同速度同向转动；②连杆平动。

图 4-28 所示的摄影平台升降机构和图 4-29 所示的机车车轮联动机构均为平行四边形机构，在这些机构中，两个曲柄同速转动，连杆平动。

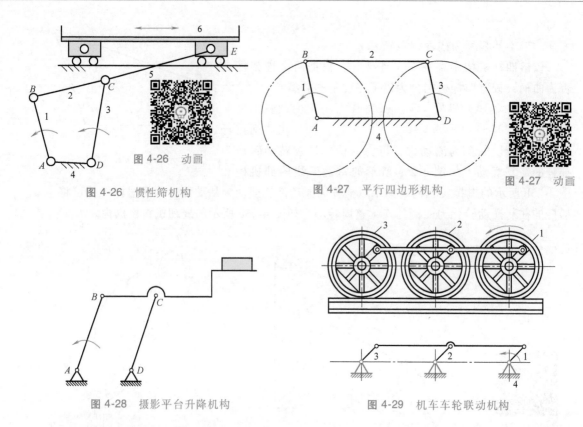

图 4-26　惯性筛机构

图 4-27　平行四边形机构

图 4-27　动画

图 4-28　摄影平台升降机构

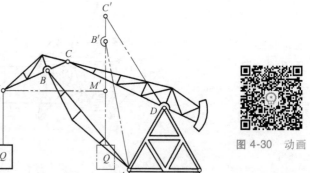

图 4-29　机车车轮联动机构

（3）双摇杆机构　两连架杆均为摇杆的铰链四杆机构称为双摇杆机构。在双摇杆机构中，当主动摇杆做往复摆动时，通过连杆带动从动摇杆也做往复摆动。图 4-30 所示的鹤式起重机的主体机构 *ABCD* 即为双摇杆机构。

2. 平面连杆机构的演化类型

除了上述三种铰链四杆机构外，工程实际中还广泛应用着一些其他类型的四杆机构。这些四杆机构都可以看成是由铰链四杆机构演化而来的。

（1）转动副演化为移动副　图 4-31a 所示为一曲柄摇杆机构。当曲柄 1 转动时，摇杆 3 上 *C*

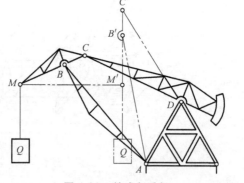

图 4-30　动画

图 4-30　鹤式起重机

点的轨迹是圆弧 *mm*。如将摇杆 *CD* 做成滑块，圆弧 *mm* 做成滑块导路，转动副 *C* 变为移动副，则得到图 4-31b 所示的机构。摇杆 *CD* 的长度越长，圆弧 *mm* 越平直。当摇杆 *CD* 的长度增至无穷大时，*mm* 变为一条直线，得到图 4-31c 所示的曲柄滑块机构。曲柄回转中心 *A* 与滑块移动副导路之间的距离 *e* 称为偏距。若 *e* 不为零，称为偏置曲柄滑块机构，如图 4-31c 所示；若 *e* 为零，称为对心曲柄滑块机构，如图 4-31d 所示。

（2）选取不同构件为机架　在图 4-32a 所示的曲柄滑块机构中，若选取构件 1 为机架，则得到图 4-32b 所示的导杆机构。在导杆机构中，如果导杆能做整周转动，则称为回转导杆机构，如图 4-33 所示小型刨床中的 *ABC* 部分即为回转导杆机构；如果导杆仅能在某一角度范围内转动，则称为摆动导杆机构，如图 4-34 所示牛头刨床中的 *ABC* 部分即为摆动导杆机构。

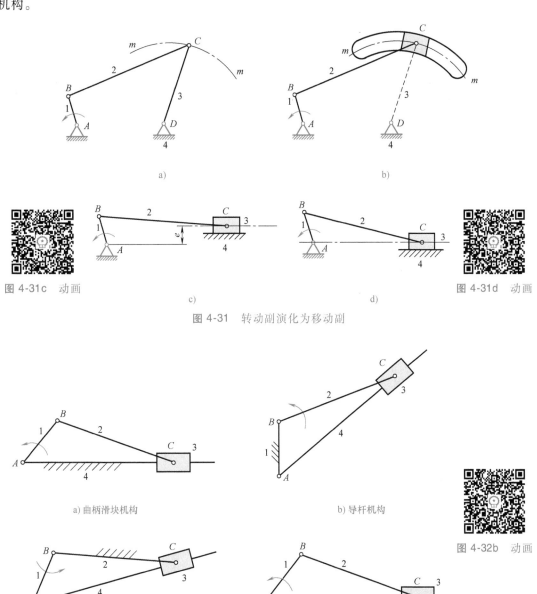

图 4-31c 动画

图 4-31d 动画

c)

d)

图 4-31 转动副演化为移动副

a) 曲柄滑块机构

b) 导杆机构

图 4-32b 动画

c) 摆块机构

d) 定块机构

图 4-32 选取不同构件为机架

若选取构件 2 为机架，则得到摆动滑块机构，又称摆块机构（图 4-32c），该机构常用于摆缸式内燃机和液压驱动装置中，如图 4-35 所示的汽车自动卸料机构即为摆块机构。

若选取构件 3 为机架，则得到定块机构（图 4-32d），该机构常用于手压抽水机和抽油泵中，如图 4-36 所示。

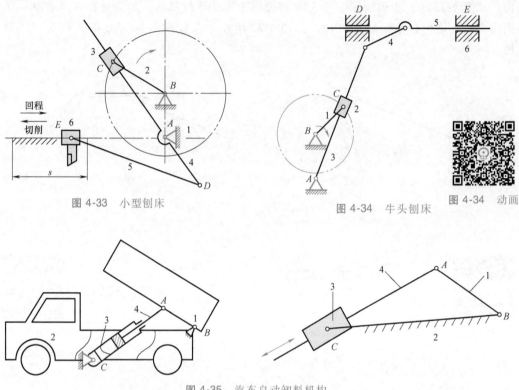

图 4-33 小型刨床

图 4-34 牛头刨床

图 4-34 动画

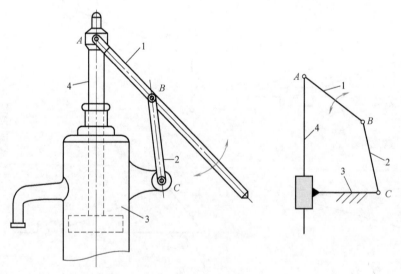

图 4-35 汽车自动卸料机构

图 4-36 手压抽水机

该演化方法同样适合于其他类型的四杆机构。

（3）扩大转动副的尺寸　在图 4-37a 所示的曲柄摇杆机构中，若将转动副 B 的半径加大至超过曲柄的长度 AB，便得到如图 4-37b 所示的偏心轮机构。此时，曲柄 1 变成了一个几何中心为 B、回转中心为 A 的偏心轮，其偏心距 e 等于原曲柄长度。

设计机构时，当曲柄长度很小时，通常都把曲柄做成偏心轮，这样可以增大轴径尺寸，提高偏心轴的强度和刚度。因此，偏心轮广泛应用于传力较大的剪床、压力机和颚式破碎机等机械中。

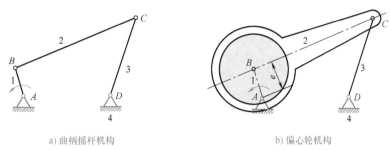

a) 曲柄摇杆机构   b) 偏心轮机构

图 4-37　扩大转动副的尺寸

二、平面连杆机构的工作特性

平面连杆机构的工作特性包括运动特性和传力特性。运动特性是指传递和变换运动的特性，传力特性是指传递和变换力的特性。

1. 运动特性

（1）曲柄存在的条件　能做整周转动的连架杆称为曲柄。当铰链四杆机构中存在曲柄时，用电动机直接驱动曲柄做连续转动，可以省去中间的传动环节，从而节约成本。铰链四杆机构中是否存在曲柄，取决于各杆的长度以及哪个构件为机架。下面以图 4-38 为例，说明铰链四杆机构中曲柄存在的条件。

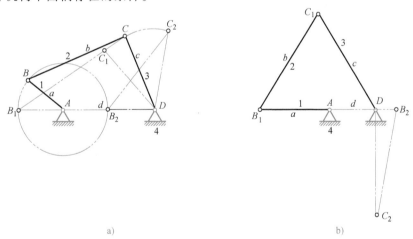

a)   b)

图 4-38　曲柄存在的条件

在图 4-38 所示的铰链四杆机构中，当杆 1 绕 A 点转动时，铰链 B 与 D 之间的距离是变化的。当 $d \geqslant a$ 时，如图 4-38a 所示，铰链 B 点距离 D 最远的位置为 B_1，最近的位置为 B_2。当 B 点可以到达 B_1 和 B_2 两个位置时，连架杆 1 则成为曲柄。

根据三角形的边长定理，在 $\triangle B_1 C_1 D$ 中，有

$$a+d \leqslant b+c$$

在 $\triangle B_2 C_2 D$ 中，有

$$b-c \leqslant d-a$$

和

$$c-b \leqslant d-a$$

整理得到

$$\left.\begin{array}{c} a+b \leqslant c+d \\ a+c \leqslant b+d \\ a+d \leqslant b+c \end{array}\right\} \tag{4-2}$$

将上面三式分别两两相加并整理，可得

$$\left.\begin{array}{c} a \leqslant b \\ a \leqslant c \\ a \leqslant d \end{array}\right\} \tag{4-3}$$

当 $d \leqslant a$ 时，如图 4-38b 所示，如果 B 点能够到达距离 D 点最远位置 B_1 和最近位置 B_2 时，连架杆 1 则成为曲柄。用同样的方法可得

$$\left.\begin{array}{c} d+a \leqslant b+c \\ d+b \leqslant a+c \\ d+c \leqslant a+b \end{array}\right\} \tag{4-4}$$

$$\left.\begin{array}{c} d \leqslant a \\ d \leqslant b \\ d \leqslant c \end{array}\right\} \tag{4-5}$$

综合以上两种情况（即 $a \leqslant d$ 和 $a \geqslant d$）可以看出，机构中若存在曲柄，需要满足以下两个条件：

1）曲柄或机架为最短杆。

2）最短杆与最长杆的长度之和小于或等于另外两杆长度之和。该长度之和关系为曲柄存在的必要条件，称为"杆长之和条件"。

在平面四杆机构中，若转动副所连接的两构件能做相对整周转动，则该转动副称为整转副；若转动副所连接的两构件只能做相对摆动，则该转动副称为摆转副。经上述分析可以得知，在满足"杆长之和条件"的情况下，整转副存在于最短杆的两端。例如，在图 4-38a 中，转动副 A、B 为整转副，C、D 为摆转副。因此，这时若取最短杆 AB 为机架，则得到双曲柄机构；若取最短杆的邻边 AD 或 BC 为机架，则得到曲柄摇杆机构；若取最短杆的对边 CD 为机架，则得到双摇杆机构，如图 4-39 所示。

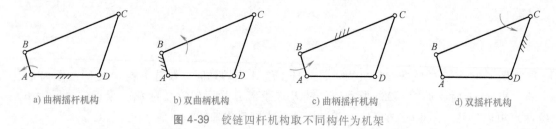

a) 曲柄摇杆机构 b) 双曲柄机构 c) 曲柄摇杆机构 d) 双摇杆机构

图 4-39　铰链四杆机构取不同构件为机架

若平面四杆机构不满足杆长之和条件，则不存在整转副，这时，无论取哪个构件为机架，都只能得到双摇杆机构。

（2）急回运动特性　在图 4-40 所示的曲柄摇杆机构中，当原动件曲柄 AB 等速转动一周时，摇杆 CD 往复摆动一次。摇杆 CD 往复摆动的两个极限位置 C_1D 和 C_2D 分别对应曲柄与连杆共线的两个位置 AB_1 和 AB_2。摇杆在两个极限位置之间的夹角 ψ 即为摇杆的角行程，称为摆角。

当曲柄 AB 从位置 AB_1 沿顺时针方向旋转到 AB_2 时，转角 $\varphi_1 = 180° + \theta$，这时，摇杆 CD 从左极限位置 C_1D 沿顺时针方向转动到右极限位置 C_2D，转角为 ψ；而当曲柄 AB 由位置 AB_2 继续沿顺时针方向旋转到 AB_1 时，转角 $\varphi_2 = 180° - \theta$，相应地，摇杆从右极限位置 C_2D 沿逆时针方向转动到左极限位置 C_1D，转角仍为 ψ。由此可见，摇杆往复摆动的角度相同，而对应的曲柄转动的角度不同。

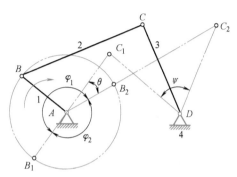

图 4-40　急回运动特性

当曲柄按角速度 ω 匀速转动时，设曲柄由位置 AB_1 沿顺时针方向旋转到 AB_2 所用时间为 t_1，由位置 AB_2 沿顺时针方向旋转到 AB_1 所用时间为 t_2，由于 $\varphi_1 > \varphi_2$，则有 $t_1 > t_2$，又因对应摇杆摆动的角度均为 ψ，所以摇杆往复摆动的平均角速度不同，一快一慢，这种特性称为急回运动特性。

急回运动的相对程度通常用摇杆快速行程的平均角速度与慢速行程的平均角速度的比值来衡量，称为急回系数（或行程速比系数），用符号 K 表示。即

$$K = \frac{\text{快速行程平均角速度}}{\text{慢速行程平均角速度}} = \frac{\psi/t_2}{\psi/t_1} = \frac{\varphi_1}{\varphi_2} = \frac{180° + \theta}{180° - \theta} \tag{4-6}$$

式中，θ 为摇杆位于两极限位置时对应曲柄两位置之间所夹的锐角，称为极位夹角。

由式（4-6）可以看出，急回系数 K 与极位夹角 θ 有关，θ 越大，K 越大，机构的急回运动特性越显著。当 $\theta = 0°$ 时，$K = 1$，表明摇杆往复运动的平均速度相等，机构无急回运动特性。在设计机构时，如果给定急回系数 K，则可由式（4-6）计算得到极位夹角 θ

$$\theta = \frac{K-1}{K+1} \times 180° \tag{4-7}$$

除曲柄摇杆机构外，曲柄滑块机构和导杆机构也具有急回运动特性，同样可以用急回系数衡量其急回运动的相对程度，方法与曲柄摇杆机构相同。

在图 4-41a 所示的对心曲柄滑块机构中，由于 $\theta = 0°$，$K = 1$，故无急回运动特性；在图

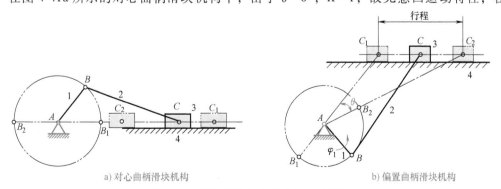

a）对心曲柄滑块机构　　　　　　　　　　b）偏置曲柄滑块机构

图 4-41　曲柄滑块机构的急回运动特性

4-41b 所示的偏置曲柄滑块机构中，由于 $\theta \neq 0°$，故有急回运动特性。在图 4-42 所示的摆动导杆机构中，由于 $\theta \neq 0°$，故有急回运动特性。

在实际应用中，为了提高机械的工作效率，一般把慢速运动的行程作为工作行程，快速运动的行程作为返回行程。例如牛头刨床、往复式运输机等机械就是利用急回运动特性来缩短非生产时间，提高生产率的。

2. 传力特性

传力特性是指机构传递和变换力的特性。力是通过构件和运动副传递的，为了重点研究机构传递和变换力的特性，故在本节忽略运动副中的摩擦力和各构件的重力及惯性力，只讨论作用在机构中的外力的传递与变换。

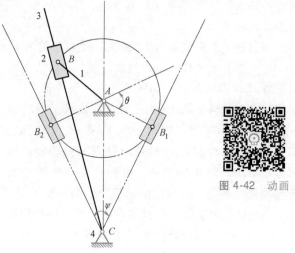

图 4-42 动画

图 4-42 摆动导杆机构的急回运动特性

（1）压力角和传动角 在图 4-43 所示的铰链四杆机构中，当忽略运动副中的摩擦力和各构件的重力及惯性力时，连杆 2 为二力杆，作用于原动件 1 上的驱动力矩经过二力杆 2 传递给摇杆 3，摇杆 3 所受力 F 的方向为连杆 2 中心线 BC 方向。力 F 可分解为两个分力：一个是沿 v_C 方向的圆周力 F_t，另一个是垂直于 v_C 方向的径向力 F_n。圆周力 F_t 是推动摇杆 CD 运动的有效分力，其值越大越好；径向力 F_n 会增大铰链 D 中的摩擦力，为有害分力，其值越小越好。

作用于摇杆 CD 上的力 F 与该力作用点 C 的速度 v_C 之间所夹的锐角 α 称为压力角，则有

$$F_t = F \cos\alpha$$

$$F_n = F \sin\alpha$$

由此可见，压力角 α 越小，有效分力 F_t 越大，因此压力角可作为衡量机构传力特性的指标。在设计连杆时，为了度量方便，经常用压力角的余角 γ 来判

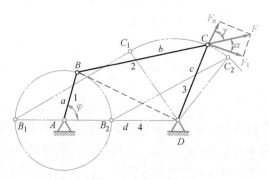

图 4-43 压力角和传动角

图 4-43 动画

断传力特性的优劣，γ 称为传动角，$\gamma = 90° - \alpha$。压力角 α 越小，传动角 γ 越大，有效分力越大，机构传力性能越好；反之，α 越大，γ 越小，机构传力越费劲，传动效率越低。因此，在连杆机构中，常用压力角或传动角的大小来衡量机构传力性能的优劣。

机构运转时，压力角和传动角是变化的。为了保证机构具有良好的传力性能，需要对最小传动角 γ_{min} 进行规定。对于一般机械，通常规定 $\gamma_{min} \geq 40°$；对于高速和大功率的传动机械，应使 $\gamma_{min} \geq 50°$。

下面对铰链四杆机构最小传动角 γ_{min} 出现的位置进行讨论。从图 4-43 可以看出，在 $\triangle ABD$ 和 $\triangle BCD$ 中，根据余弦定理分别有

$$BD^2 = a^2 + d^2 - 2ad\cos\varphi$$
$$BD^2 = b^2 + c^2 - 2bc\cos\angle BCD$$

由此可得

$$\angle BCD = \arccos\frac{b^2 + c^2 - a^2 - d^2 + 2ad\cos\varphi}{2bc} \tag{4-8}$$

当 $\varphi = 0°$ 时，可得 $\angle BCD_{min}$；当 $\varphi = 180°$，可得 $\angle BCD_{max}$。从图 4-43 可以看出，当 $\angle BCD$ 为锐角时，$\gamma = \angle BCD$，$\angle BCD_{min}$ 即为传动角的最小值，出现在 $\varphi = 0°$ 的位置；当 $\angle BCD$ 为钝角时，$\gamma = 180° - \angle BCD$，$\angle BCD_{max}$ 对应传动角的另一个最小值，出现在 $\varphi = 180°$ 的位置。综上分析可知，曲柄摇杆机构的最小传动角一定出现在曲柄与机架共线的位置，即 $\varphi = 0°$ 或 $\varphi = 180°$ 的位置。计算最小传动角时，只需把 $\varphi = 0°$ 和 $\varphi = 180°$ 分别代入式（4-8），然后按下式找出最小传动角

$$\gamma_{min} = \min\{\angle BCD_{min}, 180° - \angle BCD_{max}\}$$

对于图 4-44 所示的曲柄滑块机构来说，如果曲柄为原动件，滑块为从动件，则当曲柄与滑块的导路垂直时，压力角最大，传动角最小。

对于图 4-45 所示的导杆机构来说，如果曲柄为原动件，导杆为从动件，由于滑块对导杆的作用力始终与导杆垂直，而且与导杆上力的作用点的速度方向相同，因此，压力角恒等于 0°，传动角恒等于 90°，所以导杆机构具有很好的传力性能。

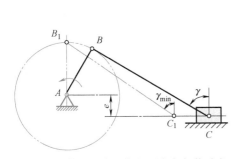

图 4-44　曲柄滑块机构的压力角与传动角

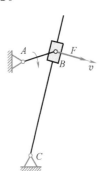

图 4-45　导杆机构的压力角与传动角

（2）死点位置　在图 4-46 所示的曲柄摇杆机构中，如果摇杆 CD 为原动件，曲柄 AB 为从动件，则当连杆与曲柄共线时，传动角 $\gamma = 0°$，作用于曲柄上的有效分力 $F_t = F\cos\alpha = 0$。也就是说，原动件 CD 通过连杆 BC 作用于 AB 上的力恰好通过其回转中心 A，此力不能推动曲柄 AB 转动，机构出现"顶死"现象。机构出现"顶死"现象的位置称为死点位置。死点位置会使机构的从动件出现卡死或运动不确定的现象。

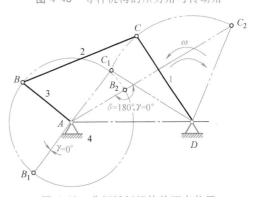

图 4-46　曲柄摇杆机构的死点位置

为了保证机构正常运转，需要采取某些措施使机构能够顺利通过死点位置。例如，图 4-25c 所示的缝纫机踏板机构就是借助于带轮的惯性通过死点位置的。脚踏板 CD 为往复摆

动的原动件，通过连杆 *CB*，带动曲柄 *AB* 做整周转动，再经过带传动驱动机头主轴转动。工作时，可以借助安装在机头主轴上的带轮的惯性作用，使缝纫机踏板机构的曲柄冲过死点位置。

如图 4-47 所示的蒸汽机车车轮联动机构，是由两组曲柄滑块机构 *EFG* 与 *E′F′G′* 组成的，滑块 *G* 和 *G′* 为原动件，分别经连杆 *FG* 和 *F′G′* 驱动曲柄 *EF* 和 *E′F′* 做整周转动，从而带动车轮转动。通过分析可知，当连杆 *FG* 和曲柄 *EF* 共线时，*EF* 处于死点位置；同理，当 *F′G′* 与 *E′F′* 共线时，*E′F′* 也处于死点位置。为了保证蒸汽机车车轮可以正常运转，采用机构错位排列的办法，即把两个曲柄 *EF* 和 *E′F′* 的位置相互错开 90°，这样其中一个曲柄处于死点位置时，另外一个不是死点位置，从而保证车轮连续转动。

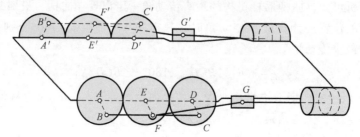

图 4-47 蒸汽机车车轮联动机构

图 4-47 动画

在工程实际中，也经常利用死点位置实现一定的工作要求。如图 4-48 所示的钻床夹紧机构，就是利用死点位置来夹紧工件的。在连杆 *BC* 的手柄处施加压力 *F* 将工件夹紧后，连杆 *BC* 与 *CD* 共线，撤去外力 *F* 后，在工件反作用力 F_N 的作用下，机构处于死点位置。这时，无论 F_N 多大，也不会使工件松脱。当需要取出工件时，只需向上扳动手柄，即可松开夹具。如图 4-49 所示的飞机起落架机构，也是利用死点位置保证飞机可靠降落的。当机轮处于放下状态时，*BC* 与 *CD* 共线，机构处于死点位置。故机轮着地时，即使受到地面的巨大冲击力也不会使 *CD* 转动，从而保持支承状态。

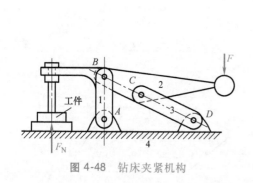

图 4-48 钻床夹紧机构

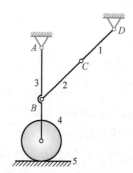

图 4-49 飞机起落架机构

【课堂讨论】：在设计连杆机构时，为什么通常希望存在曲柄？

第五节 凸轮机构

在工程应用中，经常需要某些构件的位移、速度或加速度按照一定的运动规律运动。此时，连杆机构已经很难满足这个要求，而凸轮机构很容易实现此要求。凸轮机构广泛应用于轻工、纺织、食品、交通运输和机械传动等领域。

一、凸轮机构的特点和应用

凸轮机构是工程中常用的一种机构。图 4-50 所示为内燃机的配气机构。它是由凸轮 1、气阀杆 2 和机架 3 组成的。凸轮 1 为原动件，当凸轮等速转动时，气阀杆 2 通过与凸轮轮廓保持高副接触获得预期的运动规律，实现开启和关闭阀门的功能。图 4-51 所示为胶印机中用于输送纸张的分纸吸嘴机构。当凸轮 1 连续转动时，从动件 2 往复摆动，带动从动件 3（吸嘴）上下往复移动。当吸嘴下移接近纸堆表面时吸纸，吸嘴上移时把纸传递给纸张输送机构。

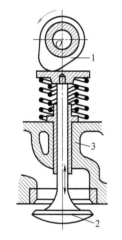

图 4-50　内燃机的配气机构

1—凸轮　2—气阀杆

3—机架

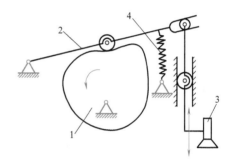

图 4-51　胶印机分纸吸嘴机构

从以上两个例子可以看出，凸轮机构主要由凸轮、从动件和机架三个基本部分组成。凸轮具有一定的曲线轮廓或凹槽，多为原动件，并做等速连续转动，从动件保持与凸轮廓线接触，从而实现往复直线移动或摆动。从动件的运动规律（位移、速度和加速度）是由凸轮的轮廓曲线决定的，因此为了满足从动件预期的运动规律，需要合理设计凸轮的轮廓曲线。

凸轮机构的优点：结构简单、紧凑；只需设计适当的凸轮轮廓，就可以使从动件获得所需的运动规律。其缺点是凸轮轮廓与从动件之间为高副接触，易于磨损，故不宜用于高速大载荷的场合。

二、凸轮机构的分类

根据凸轮和从动件的形状以及运动形式，一般可以按照以下四种方式对凸轮机构进行分类。

1. 按凸轮的形状分类

（1）盘形凸轮　盘形凸轮是一个绕定轴转动且具有变化向径的盘形零件，如图 4-51 所示。盘形凸轮结构简单，应用广泛，是凸轮最基本的形式。

（2）移动凸轮　移动凸轮可看成是由盘形凸轮演变而来的，当盘形凸轮的回转中心趋于无穷远时，凸轮相对机架做往复直线运动，就演化为移动凸轮，如图 4-52 所示。

（3）圆柱凸轮　将移动凸轮卷成一个圆柱体即演化为圆柱凸轮。如图4-53所示的自动车床进刀机构中的凸轮即为圆柱凸轮。

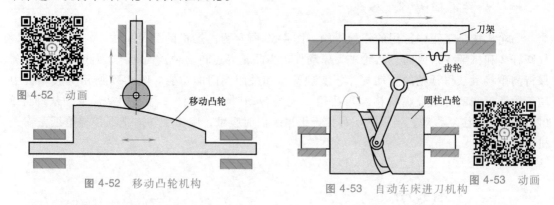

图4-52　动画

图 4-52　移动凸轮机构

图 4-53　自动车床进刀机构　　图 4-53　动画

2. 按从动件运动形式分类

（1）移动从动件　从动件做往复直线移动的凸轮机构，如图4-54所示。

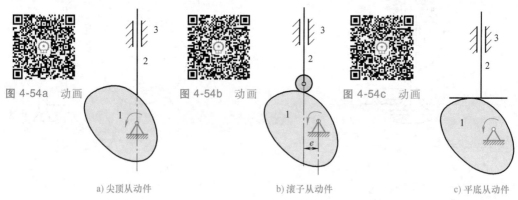

图4-54a　动画　　　　　图4-54b　动画　　　　　图4-54c　动画

a）尖顶从动件　　　　　b）滚子从动件　　　　　c）平底从动件

图 4-54　移动从动件盘形凸轮机构

移动从动件凸轮机构又可根据从动件导路中心线是否通过凸轮回转中心分为对心移动从动件凸轮机构和偏置移动从动件凸轮机构。当从动件导路中心线通过凸轮回转中心时，称为对心移动从动件凸轮机构，如图4-54a所示；否则，称为偏置移动从动件凸轮机构，如图4-54b所示，从动件导路中心线与凸轮回转中心之间的距离称为偏距，用e表示。

（2）摆动从动件　从动件做往复摆动的凸轮机构，如图4-55所示。

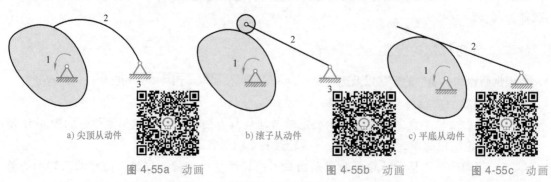

a）尖顶从动件　　　　　b）滚子从动件　　　　　c）平底从动件

图4-55a　动画　　　　　图4-55b　动画　　　　　图4-55c　动画

图 4-55　摆动从动件盘形凸轮机构

3．按从动件端部形状分类

（1）尖顶从动件 如图4-54a和图4-55a所示。由于从动件尖顶能与任意复杂的凸轮轮廓保持接触，所以从动件可以实现任意预期的运动规律。这种从动件的结构最为简单，但尖顶易磨损，故只适用于受力较小的低速场合。

（2）滚子从动件 如图4-54b和图4-55b所示。为减少摩擦磨损，在从动件端部安装一个滚子，把从动件与凸轮之间的滑动摩擦变成滚动摩擦，因此摩擦磨损较小，可用来传递较大的力，故这种形式的从动件应用很广。

（3）平底从动件 如图4-54c和图4-55c所示。从动件与凸轮之间为线接触，接触处易形成油膜，润滑状况好。此类凸轮机构受力平稳，传动效率高，常用于高速场合。由于平底从动件不能与凹陷的凸轮轮廓接触，故与之相配合的凸轮轮廓必须全部外凸。

4．按从动件和凸轮保持高副接触的方法分类

在工作过程中，必须保证凸轮与从动件一直保持接触状态。根据凸轮与从动件保持接触的方法不同，可以分为以下两类：

（1）力封闭凸轮机构 利用重力或弹簧力使凸轮与从动件保持接触状态。图4-51所示的胶印机分纸吸嘴机构，就是利用弹簧4来维持凸轮与从动件之间的接触状态的。该方法简单实用，但不适合速度较高的场合。因为在高速运转时，弹簧引起的弹性振动会影响凸轮机构正常工作。

（2）形封闭凸轮机构 利用高副元素的几何形状使从动件与凸轮轮廓保持接触状态。常见的形封闭凸轮机构有以下几种：

1）槽凸轮机构。如图4-56a所示，将凸轮轮廓做成凹槽，从动件的滚子置于凹槽中。其特点是结构简单，但凸轮的尺寸和质量较大。

2）等宽凸轮机构。如图4-56b所示，从动件为矩形框架，而凸轮廓线上任意两平行切线之间的距离均等于从动件矩形框架内侧的宽度 B，从而使凸轮与从动件保持接触。其缺点是当按从动件运动规律确定好凸轮转角在180°范围内的轮廓线后，另180°内的轮廓线应根据等宽的条件确定，故从动件运动规律的选择受到限制。

3）等径凸轮机构。如图4-56c所示，在从动件上装有两个滚子，凸轮廓线同时与两个滚子相接触，两滚子中心间的距离 D 保持不变，从而使凸轮廓线与两滚子始终保持接触状态。其缺点与等宽凸轮机构相同，当按从动件运动规律确定好凸轮转角在180°范围内的轮廓线后，另180°内的轮廓线应根据等径的条件确定，故从动件运动规律的选择受到限制。

4）共轭凸轮机构。为了克服等宽、等径凸轮机构的缺点，使从动件的运动规律可以在凸轮转角360°范围内任意选择，将两个凸轮固结在一起，并分别与安装在同一个从动件上的两个滚子保持接触状态，如图4-56d所示。其中一个凸轮（称为主凸轮）推动从动件完成工作行程的运动，另一个凸轮（称为回凸轮）推动从动件完成空回行程的运动。故这种凸轮机构又称为主回凸轮机构，其缺点是结构较复杂，制造精度要求较高。

与力封闭凸轮机构相比，形封闭凸轮机构工作更为可靠。

三、从动件常用运动规律及其选择

设计凸轮机构时，首先需要根据工作需求确定从动件的运动规律，然后根据从动件运动规律设计凸轮的轮廓曲线。下面以直动尖顶从动件盘形凸轮机构为例，来说明从动件运动规

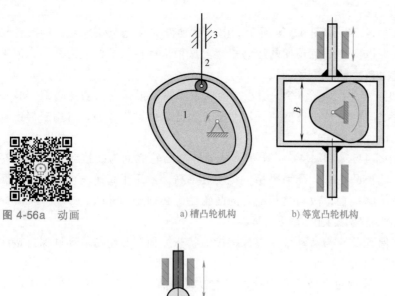

a) 槽凸轮机构   b) 等宽凸轮机构

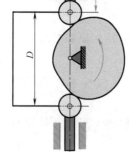
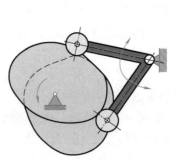

c) 等径凸轮机构   d) 共轭凸轮机构

图 4-56 形封闭凸轮机构

律与凸轮廓线之间的关系。

1. 凸轮机构的工作循环

通常情况下，凸轮等速回转一周，带动从动件往复移动一次，此为一个工作循环。图 4-57 所示为一对心尖顶移动从动件盘形凸轮机构和从动件推杆在一个工作循环中的位移线图。凸轮沿逆时针方向转动，凸轮轮廓曲线是由 B_0B_1、B_1B_2、B_2B_3 和 B_3B_0 组成的。

以凸轮廓线最小向径 r_b 为半径所作的圆称为基圆。

在从动件推杆位移线图中，横坐标代表凸轮的转角 φ，纵坐标代表从动件位移 s。

凸轮机构一个完整的工作循环可分为以下四个运动过程：

（1）推程 当从动件尖顶与凸轮轮廓上的 B_0 点（基圆与轮廓 B_0B_1 的连接点）相接触时，从动件处于上升的起始位置。当凸轮等速沿逆时针方向回转 Φ 时，推动从动件从距离回转中心最近位置 B_0 到达最远位置 B'，此过程称为推程，从动件移动的距离 h 称为从动件行程，凸轮转角 Φ 称为推程运动角。

（2）远休止 当凸轮继续转动 Φ_s 时，从动件尖顶与凸轮廓线上以 O 为圆心的圆弧 B_1B_2 接触，从动件在离转轴 O 最远处静止不动。此过程称为远休止，凸轮转角 Φ_s 称为远休止运动角。

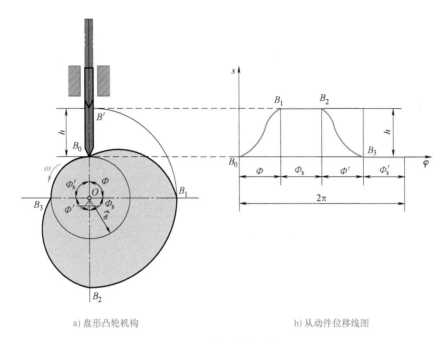

a) 盘形凸轮机构   b) 从动件位移线图

图 4-57 凸轮机构的工作循环

（3）回程 凸轮继续转动 Φ'，从动件在弹簧力或重力作用下回到初始位置，此过程称为回程，凸轮转角 Φ' 称为回程运动角。

（4）近休止 凸轮继续回转 Φ'_s，从动件尖顶与凸轮廓线上以 O 为圆心的圆弧 B_3B_0 接触，从动件在离转轴 O 最近位置静止不动。此过程称为近休止，凸轮转角 Φ'_s 称为近休止运动角。

某些情况下，凸轮机构的工作循环不一定包含远休止或近休止，但一定包含推程和回程两个运动过程。

从动件的运动规律，是指从动件的位移 s、速度 v 和加速度 a 随时间 t 或凸轮转角 φ 的变化规律。

2. 从动件常用运动规律

从以上分析可知，从动件的运动规律取决于凸轮轮廓曲线的形状，是设计凸轮轮廓曲线的依据，而从动件运动规律是根据工作需求确定的。下面介绍几种工程实际中经常用到的运动规律。

为了表示方便，这里的常用运动规律公式是以移动从动件运动规律给出的，从动件的位移、速度和加速度分别表示为 s、v 和 a。凸轮以等角速度 ω 转动，推程运动角为 Φ，回程运动角为 Φ'。对于摆动从动件来说，只需将其中的 s、v 和 a 替换为从动件的角位移 Ψ、角速度 $d\Psi/dt$ 和角加速度 $d^2\Psi/dt^2$ 即可。其运动方程、推程运动线图以及运动特性见表 4-2。

（1）等速运动规律 等速运动规律的特点是从动件在推程和回程的速度为一常数。从动件推程时的位移、速度和加速度随凸轮转角变化曲线见表 4-2。从表中可以看出，从动件运动开始时，速度由零突变为 v_0，故 $a = +\infty$；运动终止时，速度由 v_0 突变为零，$a = -\infty$，理论上产生无穷大的惯性力，导致机构发生强烈的冲击，称为刚性冲击。

实际上，由于材料的弹性变形，加速度和惯性力不会达到无穷大。由于等速运动规律存在刚性冲击，因此该运动规律只能用于低速轻载和特殊要求的凸轮机构中。

（2）等加速等减速运动规律 从动件在一个推程或回程中，首先做等加速运动，然后做等减速运动。一般情况下，加速、减速两段的时间相等。位移曲线为两段抛物线连接而成。在凸轮转角分别为 φ_O、φ_A 和 φ_B 三个位置时，从动件加速度存在有限值的突变，由此引起从动件惯性力产生有限值的突变，也会产生较严重的冲击，称为柔性冲击。所以，等加速等减速运动规律只适用于中速轻载的场合。

表 4-2　凸轮机构从动件常用运动规律

运动规律		运动方程	推程运动线图	冲击
等速运动	推程	$\begin{cases} s = \dfrac{h}{\Phi}\varphi \\ v = \dfrac{h}{\Phi}\omega \\ a = 0 \end{cases}$		刚性
	回程	$\begin{cases} s = h\left(1 - \dfrac{\varphi}{\Phi'}\right) \\ v = -\dfrac{h}{\Phi'}\omega \\ a = 0 \end{cases}$		
等加速等减速运动	推程	等加速段 $\left(0 \le \varphi \le \dfrac{\Phi}{2}\right)$ $\begin{cases} s = \dfrac{2h}{\Phi^2}\varphi^2 \\ v = \dfrac{4h\omega}{\Phi^2}\varphi \\ a = \dfrac{4h\omega^2}{\Phi^2} \end{cases}$　等减速段 $\left(\dfrac{\Phi}{2} \le \varphi \le \Phi\right)$ $\begin{cases} s = h - \dfrac{2h}{\Phi^2}(\Phi-\varphi)^2 \\ v = \dfrac{4h\omega}{\Phi^2}(\Phi-\varphi) \\ a = -\dfrac{4h\omega^2}{\Phi^2} \end{cases}$		柔性
	回程	等加速段 $\left(0 \le \varphi \le \dfrac{\Phi'}{2}\right)$ $\begin{cases} s = h - \dfrac{2h}{\Phi'^2}\varphi^2 \\ v = -\dfrac{4h\omega}{\Phi'^2}\varphi \\ a = -\dfrac{4h\omega^2}{\Phi'^2} \end{cases}$　等减速段 $\left(\dfrac{\Phi'}{2} \le \varphi \le \Phi'\right)$ $\begin{cases} s = \dfrac{2h}{\Phi'^2}(\Phi'-\varphi)^2 \\ v = -\dfrac{4h\omega}{\Phi'^2}(\Phi'-\varphi) \\ a = \dfrac{4h\omega^2}{\Phi'^2} \end{cases}$		

（续）

运动规律		运动方程	推程运动线图	冲击
五次多项式运动	推程	$\begin{cases} s = h\left(\dfrac{10}{\Phi^3}\varphi^3 - \dfrac{15}{\Phi^4}\varphi^4 + \dfrac{6}{\Phi^5}\varphi^5\right) \\ v = h\omega\left(\dfrac{30}{\Phi^3}\varphi^2 - \dfrac{60}{\Phi^4}\varphi^3 + \dfrac{30}{\Phi^5}\varphi^4\right) \\ a = h\omega^2\left(\dfrac{60}{\Phi^3}\varphi - \dfrac{180}{\Phi^4}\varphi^2 + \dfrac{120}{\Phi^5}\varphi^3\right) \end{cases}$		无
	回程	$\begin{cases} s = h\left(\dfrac{10}{\Phi'^3}\varphi^3 - \dfrac{15}{\Phi'^4}\varphi^4 + \dfrac{6}{\Phi'^5}\varphi^5\right) \\ v = h\omega\left(\dfrac{30}{\Phi'^3}\varphi^2 - \dfrac{60}{\Phi'^4}\varphi^3 + \dfrac{30}{\Phi'^5}\varphi^4\right) \\ a = h\omega^2\left(\dfrac{60}{\Phi'^3}\varphi - \dfrac{180}{\Phi'^4}\varphi^2 + \dfrac{120}{\Phi'^5}\varphi^3\right) \end{cases}$		
简谐运动	推程	$\begin{cases} s = \dfrac{h}{2}\left(1 - \cos\dfrac{\pi}{\Phi}\varphi\right) \\ v = \dfrac{\pi h\omega}{2\Phi}\sin\dfrac{\pi}{\Phi}\varphi \\ a = \dfrac{\pi^2 h\omega^2}{2\Phi^2}\cos\dfrac{\pi}{\Phi}\varphi \end{cases}$		柔性
	回程	$\begin{cases} s = \dfrac{h}{2}\left(1 + \cos\dfrac{\pi}{\Phi'}\varphi\right) \\ v = \dfrac{\pi h\omega}{2\Phi'}\sin\dfrac{\pi}{\Phi'}\varphi \\ a = \dfrac{\pi^2 h\omega^2}{2\Phi'^2}\cos\dfrac{\pi}{\Phi'}\varphi \end{cases}$		
摆线运动	推程	$\begin{cases} s = h\left[\dfrac{\varphi}{\Phi} - \dfrac{1}{2\pi}\sin\left(\dfrac{2\pi}{\Phi}\varphi\right)\right] \\ v = \dfrac{h\omega}{\Phi}\left[1 - \cos\left(\dfrac{2\pi}{\Phi}\varphi\right)\right] \\ a = \dfrac{2\pi h\omega^2}{\Phi^2}\sin\left(\dfrac{2\pi}{\Phi}\varphi\right) \end{cases}$		无

（3）五次多项式运动规律　其特点是在整个运动过程中，速度和加速度曲线都是连续变化的，加速度不存在突变，因此不会产生惯性力的突变，也不会产生任何冲击，故该运动规律适用于高速中载的场合。

（4）简谐运动规律（余弦加速度运动规律）　其速度曲线为正弦曲线，加速度曲线为余弦曲线，故又称为余弦加速度运动规律。从动件在推程的初始位置和结束位置，加速度产生有限值的突变，存在柔性冲击，故该运动规律适用于中速中载的场合。

（5）摆线运动规律（正弦加速度运动规律）　其速度曲线为余弦曲线，加速度曲线为正弦曲线，故又称为正弦加速度运动规律。其特点是在整个运动过程中，速度和加速度曲线都是连续变化的，加速度不存在突变，不会产生惯性力的突变，也不会产生任何冲击，故摆线运动规律适用于高速轻载的场合。

以上五种常用运动规律在从动件行程 h、凸轮角速度 ω、推程运动角 Φ 一定的情况下，从动件的最大速度 v_{max}、最大加速度 a_{max}、系统的冲击特性和适用场合比较见表 4-3。

表 4-3　常用运动规律冲击特性和适用场合比较

运动规律	$v_{max}/(h\omega/\Phi)$	$a_{max}/(h\omega^2/\Phi^2)$	冲击特性	适用场合
等速运动	1.00	∞	刚性冲击	低速轻载
等加速等减速运动	2.00	4.00	柔性冲击	中速轻载
简谐运动	1.57	4.93	柔性冲击	中速中载
摆线运动	2.00	6.28	无冲击	高速轻载
五次多项式运动	1.88	5.77	无冲击	高速中载

为了满足工作的要求，并获得较好的运动特性，避免冲击，可以将上述几种运动规律进行拼接。各段运动规律的位移、速度和加速度曲线在连接点处其值应分别相等。

四、凸轮廓线设计

当根据工作需求确定了凸轮机构的类型和从动件的运动规律后，就可以根据从动件的运动规律设计凸轮的轮廓曲线。

1. 基本原理

凸轮机构在工作时，凸轮和从动件都在运动，为了在纸上把凸轮的轮廓曲线绘制出来，需要将凸轮相对于纸面保持静止不动，这里采用反转法。

反转法的原理如下：给整个凸轮机构施加一个与凸轮角速度大小相等、转向相反，且绕凸轮回转轴线转动的角速度 $-\omega$。此时，凸轮相对纸面静止不动，而从动件与凸轮之间的相对运动并不改变，从动件一方面与导路一起以角速度 $-\omega$ 绕凸轮轴心转动，另一方面又按给定的运动规律相对导路移动，如图 4-58 所示。因为从动件的尖顶始终与凸轮的轮廓曲线相接触，所以反转后从动件尖顶的运动轨迹即为凸轮的轮廓曲线。

2. 凸轮廓线的设计

图 4-59a 所示为对心直动尖顶从动件盘形凸轮机构中从动件的位移曲线，已知凸轮以等角速度 ω 沿逆时针方向转动，试设计该凸轮的轮廓曲线。

参考图 4-59b，设计步骤如下：

1）确定基圆半径 r_b 并绘制基圆，导路与基圆的交点 B_0 即为从动件尖顶的初始位置。

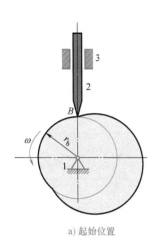
a) 起始位置

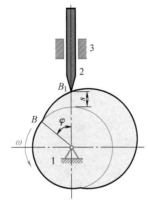
b) 凸轮转动 φ 角后的位置

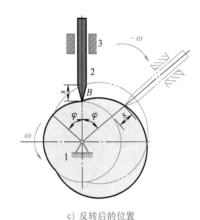
c) 反转后的位置

图 4-58　设计凸轮廓线的反转法原理

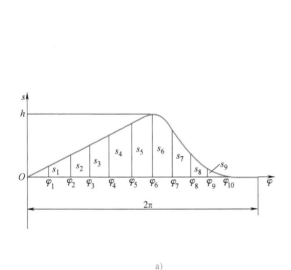
a)

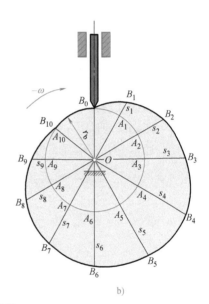
b)

图 4-59　凸轮廓线的设计

2）把位移曲线的横坐标分成若干份，得到分点 φ_1，φ_2，φ_3，…；并过各分点作横坐标的垂线，分别与位移曲线相交，从而得到从动件在各对应点的位移 s_1，s_2，s_3，…。

3）在基圆上自 OB_0 沿顺时针方向（即 $-\omega$ 方向）量取角度 φ_1，φ_2，φ_3，…；分别与基圆交于点 A_1，A_2，A_3，…。

4）分别在 OA_1，OA_2，OA_3，…的延长线上，从基圆起向外截取线段，使其分别等于从动件的位移 s_1，s_2，s_3，…，得到点 B_1，B_2，B_3，…。

5）将点 B_0，B_1，B_2，B_3，…连接成光滑的曲线，即得所求的凸轮轮廓曲线。

五、凸轮机构的压力角

凸轮机构的压力角是在不计摩擦的情况下，凸轮对从动件作用力 F 的方向（高副接触点的法线方向）与从动件上力作用点的绝对速度方向之间所夹的锐角 α，如图 4-60 所示。

驱动从动件运动的分力为 $F_t = F\cos\alpha$，由此可知，压力角 α 越小越好。凸轮机构的压力角是衡量凸轮机构传力特性优劣的一个重要参数。

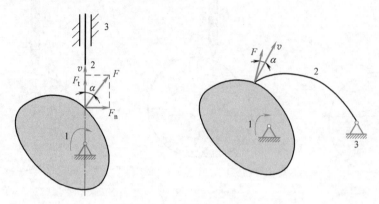

图 4-60 凸轮机构的压力角

压力角 α 随凸轮机构位置不同而变化，在从动件推程过程中，总有一个最大压力角 α_{max}。为了减小推力，避免自锁，使机构具有良好的受力状况，要求在机构运动过程中，最大压力角 α_{max} 不得超过许用压力角 $[\alpha]$，即 $\alpha_{max} \leqslant [\alpha]$。

根据实践经验推荐许用压力角 $[\alpha]$ 值如下：

推程：移动从动件 $[\alpha] = 25° \sim 35°$

摆动从动件 $[\alpha] = 35° \sim 45°$

回程：通常受力较小且无自锁问题，因此 $[\alpha] = 70° \sim 80°$。

【课堂讨论】：与连杆机构相比，凸轮机构最显著的优点是什么？

第六节　间歇运动机构

原动件连续运动时，从动件周期性地出现停歇状态的机构称为间歇运动机构。间歇运动机构在自动化生产线的转位机构、步进机构和计数装置等机械中有着广泛的应用。下面将对三种常见的间歇运动机构进行介绍。

一、棘轮机构

如图 4-61 所示，棘轮机构主要由摇杆 1、主动棘爪 2、外棘轮 3、止动棘爪 4 和机架 7 组成。弹簧 5 和 6 的作用是保持棘爪 4、2 分别与外棘轮 3 良好接触。摇杆 1 为主动件，做

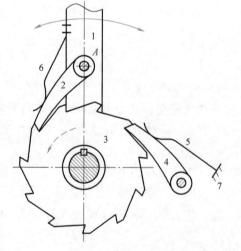

图 4-61　动画

图 4-61　棘轮机构

1—摇杆　2—主动棘爪　3—外棘轮　4—止动棘爪
5、6—弹簧　7—机架

往复摆动。当摇杆1沿逆时针方向摆动时，主动棘爪2插入棘轮的齿槽内，带动外棘轮3沿逆时针方向转过一定角度。当摇杆1沿顺时针方向摆动时，主动棘爪2在外棘轮3的齿背上滑过，而止动棘爪4在弹簧5的作用下插入棘轮齿槽中，阻止外棘轮3沿顺时针方向转动，故外棘轮3静止不动。这样，当摇杆做连续的往复摆动时，棘轮便得到单向的间歇转动。

图4-62a所示为内棘轮机构。图4-62b所示为棘条机构，棘条可以看作是棘轮半径无限增大时而得到的，在此机构中，摇杆1的连续往复摆动转化为棘条的单向间歇移动。

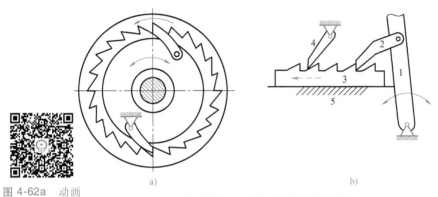

图4-62a　动画　　　　　a)　　　　　　　　　　　b)　　　　　图4-62b　动画

图4-62　内棘轮机构和棘条机构

1—摇杆　2—主动棘爪　3—棘条　4—止动棘爪　5—机架

由于棘轮机构具有结构简单、制造方便和运动可靠等优点，在实际应用中可用作送进、制动、超越离合和转位、分度等机构。

图4-63所示为牛头刨床送进机构。在刨削平面时，刨刀需做连续往复直线运动，而工作台（工件固定在工作台上）需要做单方向的间歇送进运动。工作台间歇送进运动的实现过程为：曲柄1转动，经连杆2带动摆杆往复摆动，装在摆杆上的棘爪3带动棘轮4做单方向转动，再通过螺旋机构，将棘轮单方向的间歇转动转换成工作台单方向的间歇移动。

图4-64所示为自行车后轴上的棘轮机构，起超越离合作用。链轮3和内棘轮4为一个构件，当双脚向前蹬时，经链轮1和链条2带动内棘轮4沿顺时针方向转动，通过棘爪6带动后轮轴5沿顺时针方向转动。当双脚向后蹬时，内棘轮4沿逆时针

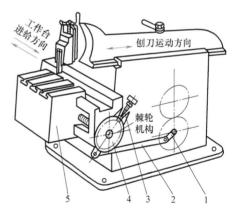

图4-63　牛头刨床送进机构

1—曲柄　2—连杆　3—棘爪

4—棘轮　5—工作台

方向转动，棘爪6滑过棘轮齿面，不带动后车轮转动。下坡时，后轮轴5快速沿顺时针方向转动，棘爪6滑过棘轮齿面，内棘轮4慢速沿顺时针方向转动或不动。

二、槽轮机构

如图4-65所示，外槽轮机构由带有圆柱销的拨盘1、槽轮2和机架组成。拨盘1为

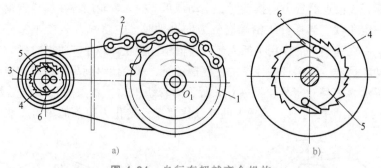

图 4-64　自行车超越离合机构

1、3—链轮　2—链条　4—内棘轮　5—后轮轴　6—棘爪

原动件，一般做连续等速转动。槽轮 2 为从动件，做单向间歇转动。当圆柱销 A 尚未进入槽轮的径向槽时，槽轮的内锁止弧 α 被拨盘的外锁止弧 β 锁住，故槽轮静止不动。当圆柱销 A 进入槽轮的径向槽时，槽轮的内锁止弧 α 与拨盘的外锁止弧 β 脱开，拨盘带动槽轮转动。

图 4-66 所示为内槽轮机构。在外槽轮机构中，拨盘与槽轮的转向相反，而在内槽轮机构中，拨盘 1 与槽轮 2 的转向相同。与外槽轮机构相比，内槽轮机构结构紧凑，传动更平稳。

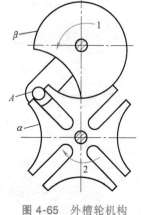

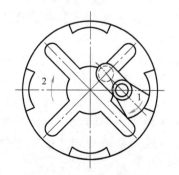

图 4-65　动画　　　图 4-65　外槽轮机构　　　图 4-66　内槽轮机构　　图 4-66　动画

1—拨盘　2—槽轮　　　　　1—拨盘　2—槽轮

图 4-67 所示为空间槽轮机构。槽轮 2 呈半球状，槽和锁止弧均匀分布在球面上。其特点是原动件 1 的轴线、原动件上圆柱销 A 的轴线和槽轮的轴线相交于球面的球心 O，故又称为球面槽轮机构。原动件 1 连续转动，槽轮 2 做间歇运动。

槽轮机构的优点是结构简单、制造容易、工作可靠和机械效率较高。但是槽轮机构在工作时有冲击，且随着转速的增加及槽数的减少而加剧，故不宜用于高速场合，其适用范围受到一定的限制。槽轮机构广泛应用于自动机床转位机构、电影放映机送片机构等自动机械中。图 4-68 所示为电影放映机送片机构，当槽轮 2 间歇运动时，胶片上的画面依次在方框中停留，通过视觉暂留而获得连续的动态画面。

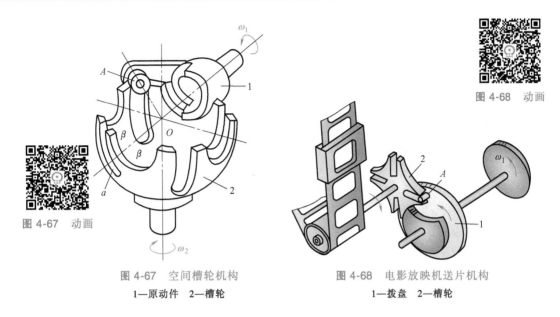

图 4-68　动画

图 4-67　动画

图 4-67　空间槽轮机构

1—原动件　2—槽轮

图 4-68　电影放映机送片机构

1—拨盘　2—槽轮

三、不完全齿轮机构

不完全齿轮机构是由普通渐开线齿轮机构演变而成的一种间歇运动机构。与一般渐开线齿轮机构比较，最大的区别在于齿轮的轮齿只分布在部分圆周上。不完全齿轮机构分为外啮合式和内啮合式两种，分别如图 4-69 和图 4-70 所示。

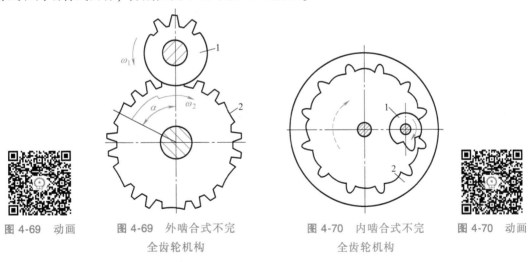

图 4-69　动画

图 4-69　外啮合式不完全齿轮机构

图 4-70　内啮合式不完全齿轮机构

图 4-70　动画

在不完全齿轮机构工作过程中，主动轮 1 连续转动，当轮齿进入啮合时，带动从动轮 2 转动；当主动轮 1 上的轮齿脱开啮合时，主动轮 1 和从动轮 2 的锁止弧贴合，使从动轮 2 静止不动，从而实现从动轮的间歇运动。

不完全齿轮机构的优点是结构简单、制造容易、工作可靠，较易满足不同停歇规律要求；缺点是从动轮运动开始和终止时存在刚性冲击。不完全齿轮机构一般只适用于低速、轻载的工作条件。

【课堂讨论】：列举几个你见到过的间歇运动机构的应用实例。

<h1 style="text-align:center">本 章 小 结</h1>

- 机构是由构件和运动副组成的。构件是独立运动的单元体，可分为机架、原动件和从动件。运动副是两个构件直接接触并能做相对运动的活动连接，可分为低副和高副。

- 机构运动简图是用国家标准规定的简单符号和线条来表示构件和运动副，并按照一定的比例尺绘制各构件与运动有关的尺寸和相对位置的简明图形，主要用于表示机构的组成及性能分析。

- 平面机构的自由度为机构相对于机架所具有的独立运动的数目。机构具有确定运动的条件是：自由度 $F>0$，且 $F=$ 原动件的数目。平面机构自由度计算公式为 $F=3n-2P_L-P_H$。计算自由度时，需要注意复合铰链、局部自由度和虚约束。平面连杆机构的基本类型包括曲柄摇杆机构、双曲柄机构和双摇杆机构。

- 平面连杆机构的工作特性包括运动特性和传力特性。运动特性包括曲柄存在的条件和急回运动特性；传力特性包括压力角、传动角和死点位置。

- 凸轮机构的显著特点是从动件可以实现较复杂的运动规律。从动件运动形式有移动和摆动两类。从动件与凸轮的接触方式有尖顶、滚子和平底三种类型。选择和设计从动件运动规律时，应尽量避免出现刚性冲击和柔性冲击。

- 常用的间歇运动机构有棘轮机构、槽轮机构和不完全齿轮机构。

<h1 style="text-align:center">拓 展 阅 读</h1>

◆ 水运仪象台

水运仪象台是北宋时期苏颂、韩公廉等人发明制造的以漏刻水力驱动的，集天文观测、天文演示和报时系统为一体的大型自动化天文仪器，堪称当时世界上最先进的大型机械装置。

水运仪象台（图 4-71）的座底为正方形，其高大约为 12m，底宽大约为 7m，共分为三大层。上层是一个露天的平台，设有一座浑仪，用龙柱支持，下面有水槽以定水平。浑仪上面覆盖遮蔽阳光和雨水的木板屋顶，为了便于观测，屋顶可以随意开闭，是现代天文台活动圆顶的雏形；中层是一间没有窗户的"密室"，里面放置浑象。天球的一半隐没在"地平"之下，另一半露在"地平"的上面，靠机轮带动旋转，一昼夜转动一圈，真实地

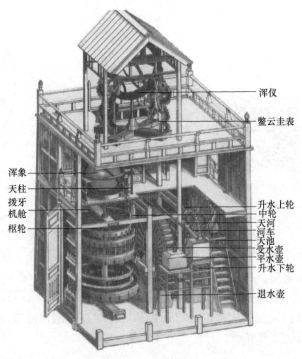

图 4-71　水运仪象台

再现了星辰的起落等天象的变化，是现代天文跟踪机械转移钟的先驱；下层包括报时装置和全台的动力机构等，其报时装置可在一组复杂的齿轮系统的带动下自动报时，报时系统里的锚状擒纵器是后世钟表的关键部件。英国著名科技史专家李约瑟曾说水运仪象台"可能是欧洲中世纪天文钟的直接祖先"。

在机械结构方面，水运仪象台采用了民间使用的水车、筒车、桔槔、凸轮和天平秤杆等机械，把观测、演示和报时设备集中起来并组成了一个整体，成为一部自动化的天文台。

思考题与习题

4-1 在机构中，运动规律已知的活动构件称为_____。

4-2 平面低副又可分为_____和_____。

4-3 在机构运动简图中，用箭头标出的构件为_____。

4-4 做平面运动的自由构件具有____个自由度。

4-5 在平面机构中，每个低副引入____个约束，每个高副引入____个约束。

4-6 由 m 个构件组成的复合铰链，其转动副的数目应为____个。

4-7 根据连架杆是否可以绕机架做整周转动，连架杆可分为____和____。

4-8 假设一平面四杆机构满足"杆长之和条件"，那么当以最短杆为机架时，该四杆机构为_____机构；当以最短杆的邻边为机架时，该四杆机构为_____机构；当以最短杆的对边为机架时，该四杆机构为_____机构。

4-9 在机构中，常用____或____的大小作为衡量机构传力性能的指标，____越小，____越大，传力性能越好。

4-10 凸轮机构主要由____、____和____三个基本部分组成。

4-11 按从动件和凸轮保持高副接触的方法，凸轮可分为_____和_____两类。

4-12 凸轮机构一个完整的工作循环可分为以下四个运动过程：_____、_____、_____和_____。

4-13 什么是机构运动简图？绘制机构运动简图的目的是什么？

4-14 计算图 4-72 所示机构的自由度，若存在复合铰链、局部自由度和虚约束，需明确指出，并判断各机构分别需要几个原动件驱动才具有确定的运动。

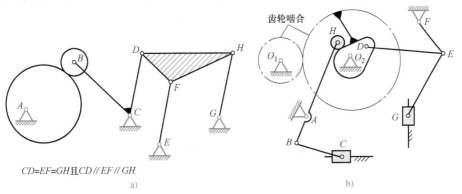

$CD=EF=GH$ 且 $CD /\!/ EF /\!/ GH$

a)   b)

图 4-72 题 4-14 图

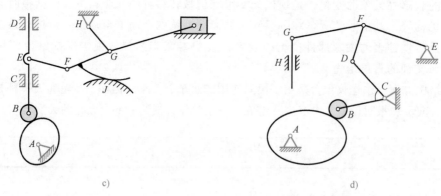

c)   d)

图 4-72　题 4-14 图（续）

4-15　曲柄摇杆机构中，当以曲柄为原动件时，机构是否一定存在急回运动？为什么？

4-16　你身边有利用连杆机构死点位置的应用实例吗？请举例说明。

4-17　如图 4-73 所示，已知四杆机构 ABCD 中各构件的长度分别为 $a = 240\text{mm}$、$b = 600\text{mm}$、$c = 400\text{mm}$、$d = 500\text{mm}$。试问当分别取构件 1、2、3、4 为机架时，可获得什么机构？

4-18　图 4-74 所示为一偏置曲柄滑块机构，试求 AB 成为曲柄的条件。

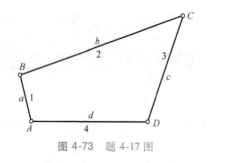

图 4-73　题 4-17 图　　　　　　　图 4-74　题 4-18 图

4-19　如图 4-75 所示，已知四杆机构 ABCD 中各构件的长度分别为 $a = 28\text{mm}$、$b = 52\text{mm}$、$c = 50\text{mm}$、$d = 72\text{mm}$。试求当构件 1 为原动件时，该机构的极位夹角 θ、杆 3 的角行程 ψ、最小传动角 $\gamma_{\min}$ 和行程速比系数 K。

4-20　在一偏置曲柄滑块机构中，设曲柄长度 $a = 120\text{mm}$，连杆长度 $b = 600\text{mm}$，偏距 $e = 120\text{mm}$，曲柄为原动件，试求：

1）行程速比系数 K 和滑块的行程 h。

2）假设 $[\gamma_{\min}] = 40°$，检验该机构的最小传动角 $\gamma_{\min}$ 是否满足要求。

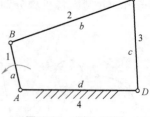

3）若 a 和 b 长度不变，$e = 0$ 时，求此机构的行程速比系数 K。

图 4-75　题 4-19 图

4-21　凸轮机构的主要优缺点是什么？凸轮机构有哪些常用类型？

4-22　什么是刚性冲击？什么是柔性冲击？

4-23　凸轮机构中的推杆速度随凸轮转角变化的线图如图 4-76 所示，试确定分别在什么位置存在刚性冲击和柔性冲击。

4-24　采用图解法设计一对心直动尖顶从动件盘形凸轮机构的凸轮廓线。已知凸轮沿顺时针方向转动，基圆半径 $r_b = 25\text{mm}$，推杆行程 $h = 25\text{mm}$。其运动规律如下：凸轮转角为 $0° \sim 120°$ 时，从动件等速上升到最高点；凸轮转角为 $120° \sim 180°$ 时，从动件在最高位置停止不动；凸轮转角为 $180° \sim 300°$ 时，从动件等速下降到最低点；凸轮转角为 $300° \sim 360°$ 时，从动件在最低位置停止不动。

4-25　如图 4-77 所示的盘形凸轮机构，试在图上绘制：

1）凸轮的基圆半径 r_b 和行程 h。

2）在图示位置，推杆的位移 s。

3）在图示位置，凸轮机构的压力角。

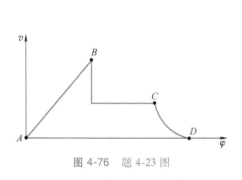

图 4-76　题 4-23 图

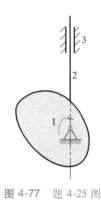

图 4-77　题 4-25 图

4-26　棘轮机构、槽轮机构和不完全齿轮机构均能使执行构件获得间歇运动，试分别说明它们的工作特点以及使用场合。

第五章

机械传动

【内容提要】

本章主要对带传动、齿轮传动、蜗杆传动和轮系进行介绍，主要介绍带传动、齿轮传动和蜗杆传动的类型、几何尺寸计算、传动特点和失效形式等。轮系主要介绍轮系的分类和定轴轮系的传动比计算。

【学习目标】

1. 理解带传动的组成、类型及特点；了解 V 带和带轮的结构、带传动的张紧方法和失效形式；

2. 理解齿轮传动的类型、特点和应用；了解齿轮的材料、加工方法、结构和润滑方式；

3. 掌握渐开线直齿圆柱齿轮几何尺寸计算方法、正确啮合条件和标准安装条件；

4. 掌握齿轮的失效形式，理解齿轮根切现象；

5. 了解蜗杆传动的类型及特点，理解蜗杆传动的正确啮合条件和几何尺寸计算方法；

6. 了解蜗杆传动的失效形式、蜗杆与蜗轮的结构；

7. 了解轮系的组成、功用和分类，掌握定轴轮系的传动比计算方法。

第一节 概 述

原动机、传动装置和工作机是机械系统的三大基本组成部分，原动机提供基本的运动和动力；工作机是机械具体功能的执行系统，随机械功能的不同，工作机的运动方式和机构形式也不同。由于原动机运动的单一性、简单性与工作机运动的多样性、复杂性之间的矛盾，需用传动装置将原动机的运动和动力的大小、方向等进行转换并传递给工作机，以适应工作机的需求。由此可见，只要原动机的运动和动力的输出达不到工作机的要求，就必须存在传动装置，故传动装置是大多数机器的重要组成部分。此外，传动装置在整台机器的质量和成本中占有很大的比例，机器的工作性能和运转费用也在很大程度上取决于传动装置的优劣。

一、机械传动的类型

机械传动有多种形式，主要可分为两类：

1. 摩擦传动

通过机件间的摩擦力传递运动和动力，包括带传动、绳传动和摩擦轮传动等。摩擦传动容易实现无级变速，可应用于轴间距较大的传动场合，过载打滑还能起到缓冲和保护传动装置的作用，但这种传动一般不能用于大功率的场合，也不能保证准确的传动比。

2. 啮合传动

通过主动件与从动件的啮合或借助中间件啮合传递运动和动力，包括齿轮传动、蜗杆传动、链传动和同步带传动等。啮合传动能够用于大功率的场合，传动比准确，但一般要求较高的制造精度和安装精度。

二、机械传动的主要性能指标

1. 传动比

在机械传动中，主动件转速 n_{in} 与从动件转速 n_{out} 之比，称为传动比，用 i_{io} 表示

$$i_{io} = \frac{n_{in}}{n_{out}} = \frac{\omega_{in}}{\omega_{out}} \tag{5-1}$$

当 $i_{io} > 1$ 时，称为减速传动；当 $i_{io} < 1$ 时，称为增速传动。大部分机械传动均为减速运动，其功用是把原动机的高速运动转换为工作机的低速运动。

2. 功率与效率

各类传动所能传递的功率取决于其工作原理、承载能力、载荷分布、工作速度和机械效率等因素。一般来说，啮合传动传递功率的能力高于摩擦传动。

效率是评定传动性能的主要指标之一。在机械传动中，功率的损失主要是由轴承摩擦、传动零件间的相对滑动和搅动润滑油等引起的，所损失的能量绝大部分转化为热能。如果能量损失过大，将会使工作温度超过允许的范围，导致传动失效。因此，效率低的传动装置一般不宜用于大功率的机械传动。

常见机械传动传递功率的范围和效率见表 5-1。

表 5-1 常见机械传动传递功率的范围和效率

传动类型	功率 P/kW		效率 η（未计入轴承中的摩擦损失）	
	使用范围	常用范围	闭式传动	开式传动
圆柱齿轮和锥齿轮传动（单级）	极小～60000	—	0.96～0.99	0.92～0.95
蜗杆传动	可达 800	20～50	0.40～0.92	0.30～0.70
链传动	可达 4000	<100	0.97～0.98	0.90～0.93
平带传动	1～3500	20～30	—	0.94～0.98
V 带传动	可达 1000	50～100	—	0.92～0.97
同步带传动	可达 300	<10	—	0.95～0.98

3. 速度

速度是传动的主要运动特性之一。表示传动速度的参数是最大圆周速度和最大转速。提

高传动速度是机器的重要发展方向。常见机械传动的速度范围和传动比见表 5-2。

表 5-2　常见机械传动的速度范围和传动比

传动类型	最大允许速度/(m/s)	最大允许转速/(r/min)	减速传动比
6 级精度直齿圆柱齿轮传动	20	<30000	≤5(8)
6 级精度非直齿圆柱齿轮传动	50	30000	≤5(8)
5 级精度直齿圆柱齿轮传动	120	30000	≤5(8)
蜗杆传动	15~35(滑动速度)		≤40(80)
链传动	40	8000~10000	≤6(10)(滚子链) ≤15(齿形链)
平带传动	≤25(30)		≤3(5)
普通 V 带传动	25~30	12000	≤8(15)
同步带传动	50~100	20000	≤10(20)

注：圆括号中的数值是指迫不得已时使用的极限值。

【课堂讨论】：常用的机械传动有哪些？你生活中接触的产品中是否包含机械传动机构？请举例说明。

第二节　带　传　动

带传动是通过中间挠性件（带）传递运动和动力的，适用于两轴中心距较大的场合。带传动机构主要由主动轮 1、从动轮 2、张紧在两轮上的环形带 3 和机架 4 组成，如图 5-1 所示。当原动机驱动主动轮转动时，借助带轮和带之间的摩擦或啮合，带动从动轮转动。

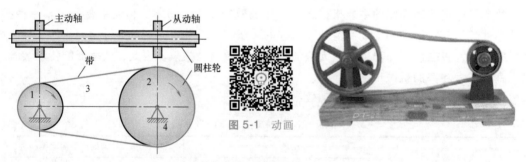

图 5-1　动画

图 5-1　带传动机构
1—主动轮　2—从动轮　3—环形带　4—机架

一、带传动的类型

带传动机构可以按以下几种方式进行分类。

1. 按带的截面形状分类

对于靠摩擦传递动力的带传动机构，按带的截面形状可以分为以下几种类型。

（1）平带　带的截面为扁平矩形，其工作面是与轮面相接触的内表面，如图 5-2a 所示。平带结构简单、制造容易、效率较高，适用于中心距较大的传动场合，如物料运输。

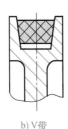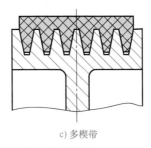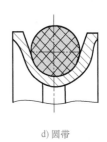

a) 平带　　　　b) V带　　　　c) 多楔带　　　　d) 圆带

图 5-2　带的截面形状

（2）V带　带的截面为等腰梯形，其工作面是与带轮槽相接触的两侧面，而 V 带与轮槽槽底并不接触，如图 5-2b 所示。V 带传动较平带传动能产生更大的摩擦力，常用于传动比较大、中心距较小的场合。

（3）多楔带　多楔带以其扁平部分为基体，下面有几条等距的纵向槽，其工作面为楔的侧面，如图 5-2c 所示。多楔带兼具平带弯曲应力小和 V 带摩擦力大等优点，常用于传递动力较大而又要求结构紧凑的场合。

（4）圆带　圆带截面为圆形，如图 5-2d 所示。圆带牵引能力小，常用于仪器和家用器械中。

2. 按带的传动形式分类

（1）开口传动　如图 5-1 所示，两带轮轴线平行，转动方向相同，适用于传动比 $i \leqslant 5$ 的平带传动或 $i \leqslant 7$ 的 V 带传动，一般带速 $v \leqslant 30\text{m/s}$。

（2）交叉传动　如图 5-3a 所示，两带轮轴线平行，回转方向相反。由于交叉处存在带的摩擦和扭转，带的寿命降低，适用于传动比 $i \leqslant 6$、带速 $v \leqslant 15\text{m/s}$ 的平带传动。

（3）半交叉传动　如图 5-3b 所示，两带轮轴线垂直，适用于传动比 $i \leqslant 3$、带速 $v \leqslant 15\text{m/s}$ 的单方向转动的平带传动。

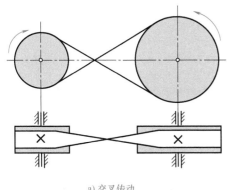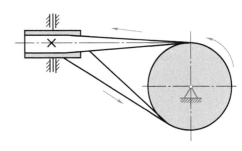

a) 交叉传动　　　　　　　　　　　　　　b) 半交叉传动

图 5-3　带的传动形式

3. 按带的工作原理分类

（1）摩擦型普通带传动　摩擦型普通带传动依靠带轮与带之间的摩擦力传递运动和动力。如平带、V 带、多楔带等组成的带传动均为摩擦型普通带传动。

（2）啮合型同步带传动　图 5-4 所示为啮合型同步带传动，带的截面为矩形，带的内表面上具有等距的横向齿，带轮表面也制成相应的齿形，工作时依靠带齿和轮齿啮合传动。由于带和带轮之间无相对滑动，可以保持两轮的转速同步，故称为同步带传动。其优点是传动比恒定，结构紧凑，传动效率高，带薄而轻，带速可达 40m/s，传动比可达 10；缺点是造价高，对制造安装要求高。

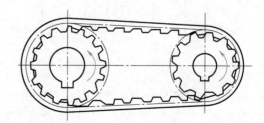

图 5-4　啮合型同步带传动

二、带传动的几何尺寸计算

在图 5-5 所示的开口带传动机构中，两带轮轴线之间的距离 a 称为中心距。带和带轮接触弧所对应的中心角 α 称为包角。设小轮和大轮的直径分别为 d_1 和 d_2，带长为 L，因为 θ 较小，所以可认为 $\theta \approx \sin\theta = \dfrac{d_2 - d_1}{2a}$，则小带轮包角 α_1、大带轮包角 α_2 分别为

$$\left.\begin{aligned}\alpha_1 &= \pi - 2\theta = \pi - \frac{d_2 - d_1}{a}\\[2mm]\alpha_2 &= \pi + 2\theta = \pi + \frac{d_2 - d_1}{a}\end{aligned}\right\} \tag{5-2}$$

包角是带传动的一个重要参数，一般要求 $\alpha_1 \geqslant 120°$。带长 L 为

$$L = 2a\cos\theta + \frac{d_1}{2}(\pi - 2\theta) + \frac{d_2}{2}(\pi + 2\theta) = 2a\cos\theta + \frac{\pi}{2}(d_1 + d_2) + \theta(d_2 - d_1)$$

将 $\cos\theta \approx 1 - \dfrac{\theta^2}{2}$ 和 $\theta \approx \dfrac{d_2 - d_1}{2a}$ 代入上式并整理可得

$$L \approx 2a + \frac{\pi}{2}(d_1 + d_2) + \frac{(d_2 - d_1)^2}{4a} \tag{5-3}$$

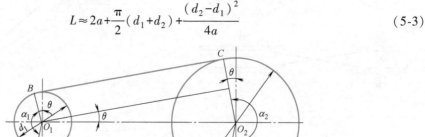

图 5-5　开口带传动的几何尺寸

当已知带长 L 时，中心距 a 为

$$a \approx \frac{1}{8}\left\{2L - \pi(d_1 + d_2) + \sqrt{[2L - \pi(d_1 + d_2)]^2 - 8(d_2 - d_1)^2}\right\} \tag{5-4}$$

三、带的张紧装置

安装带时，需要把带张紧在带轮上，使带轮与带之间产生压力，继而产生摩擦力，以保证通过摩擦力传递运动和动力。当带工作一段时间后，因永久伸长而会松弛，这时需要重新对带进行张紧。

带的张紧装置主要有定期张紧装置和自动张紧装置两大类。

1. 定期张紧装置

定期张紧装置是指每隔一段时间，对带进行一次调整。常见的定期张紧装置有以下几种。

（1）滑道式张紧装置　如图 5-6 所示，调节螺钉使装有带轮的电动机沿滑轨移动。此方法适用于带传动中心距可调，两带轮轴线处于同一水平面或相对倾斜角度不大的传动。

（2）摆架式张紧装置　如图 5-7 所示，调节螺杆和螺母使电动机摆动架绕轴摆动。此方法适用于带传动中心距可调，两带轮轴线处于同一垂直面或接近垂直面的布置方式。

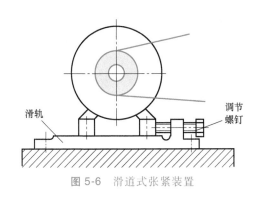

图 5-6　滑道式张紧装置

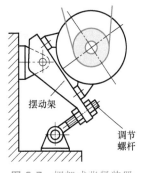

图 5-7　摆架式张紧装置

（3）张紧轮装置　当带传动中心距不可调时，可采用具有张紧轮的装置，如图 5-8 所示，通过调节张紧轮的上下位置，以保持带的张紧状态。

2. 自动张紧装置

如图 5-9 所示，将装有带轮的电动机安装在浮动摆架上，利用电动机的自重，使带轮与电动机一起绕固定轴摆动，实现带的自动张紧保持，此装置适用于中小功率的带传动。

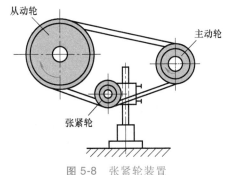

图 5-8　张紧轮装置

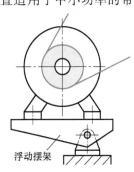

图 5-9　自动张紧装置

四、带传动的受力分析

如前所述，安装在带轮上的带必须有一定的张紧力，以提供带传动所需的摩擦力。带静止时，带两边的初拉力 F_0 相等，均等于预紧力，如图 5-10a 所示。带传动时，由于带和带轮表面间存在摩擦力，带两边的拉力不再相等。如图 5-10b 所示，绕进主动轮 1 的一边带被进一步拉紧，拉力由 F_0 增加到 F_1，该边称为紧边，F_1 称为紧边拉力；而另一边带的拉力由 F_0 减为 F_2，该边称为松边，F_2 称为松边拉力。假设带的总长度不变，且带变形满足胡克定律，则带紧边拉力的增加量 F_1-F_0 应等于松边拉力的减少量 F_0-F_2，即

$$F_1-F_0=F_0-F_2$$

可得初拉力 F_0 为

$$F_0=\frac{F_1+F_2}{2} \tag{5-5}$$

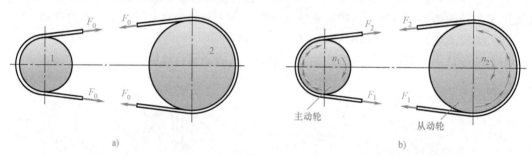

图 5-10　带传动的受力情况

带两边拉力之差称为带传动的有效拉力，即为带传递的圆周力 F，其值又等于带与带轮间摩擦力 F_μ 的总和，则有

$$F=F_1-F_2=\sum F_\mu \tag{5-6}$$

从而可知，带传动的功率 P（kW）为

$$P=\frac{Fv}{1000} \tag{5-7}$$

式中　F——带传动的圆周力（N）；

　　　v——带速（m/s）。

当带所需传递的圆周力 F 大于带与带轮间摩擦力总和的极限值时，带与带轮将发生显著的相对滑动，这种现象称为打滑。此时，带传动不能正常工作，为失效现象。

对于普通平带来说，带的最大有效拉力为

$$F_{max}=2F_0\left(1-\frac{2}{e^{\mu\alpha}+1}\right) \tag{5-8}$$

式中　μ——带与带轮之间的摩擦系数。

由式（5-8）可以看出，最大有效拉力 F_{max} 随初拉力 F_0 的增大而增大。当 F_0 过小时，带与带轮之间的压力很小，故摩擦力也很小，传动易打滑；当 F_0 过大时，带的寿命将缩短，支承带轮的轴和轴承将承受很大的负载。增大包角或增大摩擦系数，都可提高带的最大有效拉力，因为小带轮的包角 α_1 小于大带轮的包角 α_2，故在计算最大有效拉力时，按 α_1 计算。

平带与 V 带的初拉力 F_0 相等时，带施加给带轮的压力 F_Q 相等，如图 5-11 所示，平带的工作面为下表面，带与带轮之间的摩擦力为

$$F_f = \mu F_N = \mu F_Q \tag{5-9}$$

式中　F_N——平带与带轮之间的法向力。

V 带与带轮之间的摩擦力为

$$F_{fV} = 2\mu F_{NV} = \mu_v F_Q \tag{5-10}$$

式中　F_{NV}——V 带与带轮之间的法向力；

μ_v——当量摩擦系数，$\mu_v = \dfrac{\mu}{\sin\dfrac{\phi}{2} + \mu\cos\dfrac{\phi}{2}}$；

ϕ——带轮的槽楔角。

普通 V 带带轮槽楔角 ϕ 为 32°、34°、36° 或 38°。取摩擦系数 $\mu = 0.3$ 时，当量摩擦系数 $\mu_v = 0.5 \sim 0.53$，故初拉力 F_0 相同时，V 带与带轮之间的摩擦力大于平带，V 带的承载能力大，可以传递较大的功率。也就是说，当传递相同功率时，V 带结构紧凑。

在式（5-8）中，用当量摩擦系数 μ_v 代替 μ，可得 V 带传动时的最大有效拉力。

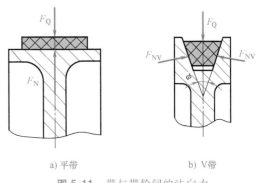

a) 平带　　　　　b) V 带

图 5-11　带与带轮间的法向力

五、带的弹性滑动和打滑

带为弹性元件，受拉力作用时，会产生较大的弹性伸长量。带传动工作时，在带的紧边进入与主动轮的接触点处，带速与主动轮圆周速度 v_1 相等；当带绕过主动轮时，其所受拉力由 F_1 减至 F_2，故带的弹性伸长量逐渐减少，相当于带速逐渐减慢，导致带速小于主动轮的圆周速度并沿轮面滑动。同理，在带的松边进入与从动轮的接触点处，带速与从动轮圆周速度 v_2 相等；当带绕过从动轮时，其所受拉力由 F_2 增至 F_1，带的弹性伸长量逐渐增加，相当于带速逐渐增大，导致带速大于从动轮的圆周速度并且带沿轮面滑动。这种由于带材料的弹性变形而产生的滑动称为弹性滑动。

由于带传动工作时，紧边拉力和松边拉力不相等，故弹性滑动是不可避免的，从而导致从动轮的圆周速度 v_2 总是小于主动轮的圆周速度 v_1。由于带的弹性变形而引起的从动轮圆周速度的降低率称为滑动率 ε，即

$$\varepsilon = \frac{v_1 - v_2}{v_1} = \frac{d_1 n_1 - d_2 n_2}{d_1 n_1} \tag{5-11}$$

带传动的传动比为

$$i = \frac{n_1}{n_2} = \frac{d_2}{d_1(1-\varepsilon)} \tag{5-12}$$

V 带的滑动率 $\varepsilon = 0.01 \sim 0.02$，一般计算时可不予考虑。

弹性滑动与打滑是两个截然不同的概念。打滑是由于过载引起的带在带轮上的全面滑动，是带传动的一种失效形式，应当避免，而且可以避免。打滑可起到过载保护作用，由于

小轮包角较小，打滑总是先发生在小轮上。弹性滑动是由于带的弹性变形和拉力差而引起的滑动，它是带传动中固有的一种物理现象，是不可避免的。弹性滑动只发生在带离开带轮一侧的部分弧段上。由于存在弹性滑动，所以带传动的传动比不是常数。

六、带传动的失效形式和设计原则

带传动的失效形式为过载打滑或带的疲劳拉断。因此，带传动的设计原则是在保证不打滑的情况下，带具有一定的疲劳强度和寿命。另外，还需要注意以下事项：

1）小带轮直径不宜过小，以免弯曲应力过大。

2）带的根数不宜过多，否则承受载荷不均匀，一般为 3~7 根。

3）中心距应适当。如果中心距过大，带易颤动；如果中心距过小，会导致包角过小，降低传递功率，而且单位时间内应力变化次数多，易产生疲劳拉断。

七、普通 V 带和带轮

1. 普通 V 带的结构和尺寸

（1）V 带的结构　V 带由抗拉体、顶胶、底胶和包布组成，如图 5-12 所示。抗拉体是承受负载拉力的主体，由帘布芯或绳芯组成。绳芯结构柔软易弯曲，有利于提高寿命，适用于转速较高、带轮直径较小的场合。

（2）V 带的尺寸　V 带弯曲时，顶胶层伸长，底胶层缩短，而在两者之间的中性层长度不变，此面称为节面，如图 5-13 所示。带的节面宽度称为节宽 b_p，带弯曲时，该宽度不变。在 V 带轮上，与 V 带的节宽相对应的带轮直径称为带轮基准直径 d_d。V 带在规定的张紧力作用下，位于带轮基准直径上的周线长度称为带的基准长度 L_d。

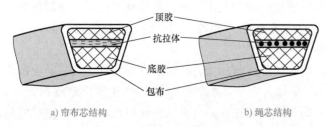

图 5-12　V 带的结构

a) 帘布芯结构　　b) 绳芯结构

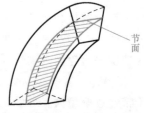

图 5-13　V 带的节面

楔角 $\varphi = 40°$、相对高度 $h/b_p \approx 0.7$ 的 V 带称为普通 V 带。普通 V 带已经标准化，按截面尺寸的不同分为七种类型，见表 5-3。

表 5-3　普通 V 带截面尺寸（摘自 GB/T 11544—2012）

型号	Y	Z	A	B	C	D	E
节宽 b_p/mm	5.3	8.5	11	14	19	27	32
顶宽 b/mm	6	10	13	17	22	32	38
高度 h/mm	4	6	8	11	14	19	23
楔角 φ	40°						
线质量 q/（kg/m）	0.03	0.06	0.11	0.19	0.33	0.66	1.02

2. V 带轮

普通 V 带轮的轮槽参数如图 5-14 所示，其截面尺寸见表 5-4。

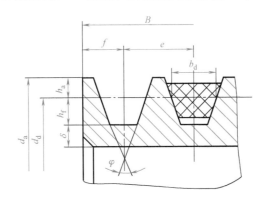

图 5-14 普通 V 带轮的轮槽参数

表 5-4 V 带轮截面尺寸（摘自 GB/T 10412—2002）　　　（单位：mm）

参数及尺寸		V 带型号						
		Y	Z	A	B	C	D	E
b_d		5.3	8.5	11	14	19	27	32
h_{amin}		1.6	2	2.75	3.5	4.8	8.1	9.6
h_{fmin}		4.7	7	8.7	10.8	14.3	19.9	23.4
δ_{min}		5	5.5	6	7.5	10	12	15
e		8±0.3	12±0.3	15±0.3	19±0.4	25.5±0.5	37±0.6	44.5±0.7
f_{min}		6	7	9	11.5	16	23	28
B		$B=(z-1)e+2f$（z 为轮槽数）						
φ	32°	带轮基准直径 d_d	≤60	—	—	—	—	—	—
	34°		—	≤80	≤118	≤190	≤315	—	—
	36°		>60	—	—	—	—	≤475	≤600
	38°		—	>80	>118	>190	>315	>475	>600

带轮常用铸铁制造，铸铁带轮（HT150、HT200）允许的最大圆周速度为 25m/s。当带轮速度更高时，可采用铸钢或钢板冲压后焊接。有时也采用塑料制造带轮，塑料带轮具有重量轻、摩擦力大的优点，常用于机床中。

典型带轮结构有实心式、腹板式和轮辐式三种，见表 5-5。

表 5-5 V 带轮的结构类型

带轮类型	结构简图	V 带轮结构选用标准
实心式	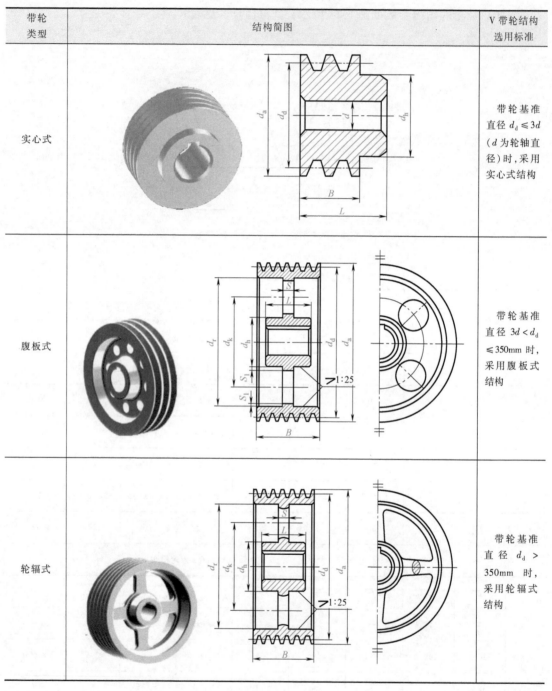	带轮基准直径 $d_d \leqslant 3d$（d 为轮轴直径）时，采用实心式结构
腹板式		带轮基准直径 $3d < d_d \leqslant 350\text{mm}$ 时，采用腹板式结构
轮辐式		带轮基准直径 $d_d > 350\text{mm}$ 时，采用轮辐式结构

八、带传动的特点和应用

带传动的优点包括：①可远距离传递运动；②结构简单，传动平稳，价格低廉，不需要润滑；③过载时带会在带轮上打滑，可避免其他零件损坏；④带有弹性，能吸收能量，缓和冲击和振动。缺点包括：①轮廓尺寸较大，不能传递很大的功率；②需要张紧装置；③不能保证固定不变的传动比；④带的寿命较短；⑤与齿轮相比，传动效率较低，施加在轴上的力比较大。

带传动通常应用在传递中小功率的场合，一般带速为 $5\sim30m/s$，传动比 $i\leqslant8$，传动效率为 $0.90\sim0.95$。

【课堂讨论】：为什么 V 带的楔角大于 V 带轮的槽楔角？

第三节　齿轮传动

齿轮机构是现代机械中应用最广的一种传动机构，它是通过轮齿的啮合来传递空间任意两轴间的运动和动力的。与摩擦轮、带轮、链轮等机械传动相比，齿轮传动的优点是传动比精确、传动平稳、结构紧凑、工作可靠、效率高、使用寿命长。其缺点是加工成本较高，不宜用于轴向距离较大的传动。

一、齿轮传动的类型

齿轮的类型很多，如图 5-15 和图 5-16 所示。按照齿轮两轴的相对位置关系可分为两大类：平面齿轮机构和空间齿轮机构。

图 5-15a 动画   a) 外啮合直齿圆柱齿轮机构

图 5-15b 动画   b) 内啮合直齿圆柱齿轮机构

图 5-15c 动画   c) 直齿齿轮齿条机构

图 5-15d 动画   d) 外啮合斜齿圆柱齿轮机构

图 5-15e 动画   e) 人字齿圆柱齿轮机构

图 5-15f 动画   f) 锥齿轮机构

图 5-15g 动画   g) 交错轴斜齿轮机构

图 5-15h 动画   h) 蜗杆蜗轮机构

图 5-15　齿轮机构

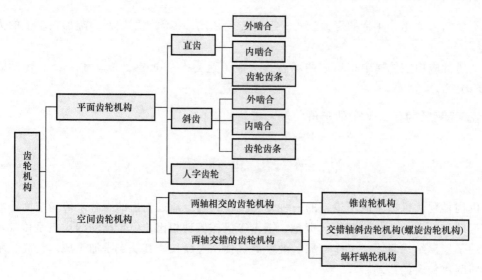

图 5-16　齿轮机构分类

1. 平面齿轮机构

两轴平行的齿轮机构称为平面齿轮机构。按照轮齿方向与齿轮轴线的相对位置关系，圆柱齿轮机构又可以分为直齿圆柱齿轮机构、斜齿圆柱齿轮机构和人字齿圆柱齿轮机构。按照轮齿布置在圆柱外表面、内表面或平面上，又可以分为外啮合齿轮机构、内啮合齿轮机构和齿轮齿条机构。

2. 空间齿轮机构

两轴不平行的齿轮机构称为空间齿轮机构。空间齿轮机构又分为锥齿轮机构、交错轴斜齿轮机构和蜗杆蜗轮机构。锥齿轮机构用于传递两相交轴之间的相对运动；交错轴斜齿轮机构和蜗杆蜗轮机构用于传递空间交错（既不平行，也不相交）的两轴的相对运动。

二、齿廓啮合基本定律

一般情况下，要求齿轮机构的传动比在每一瞬时均保持不变，而齿轮机构是靠轮齿齿廓曲线的啮合来传递运动的，因此要使传动比恒定，齿廓曲线应具备一定条件，该条件即为齿廓啮合基本定律。

图 5-17 所示为一对相互啮合的齿轮，两齿轮的角速度分别为 ω_1 和 ω_2。两轮的齿廓在 K 点接触，过点 K 作两齿廓的公法线 nn 与连心线 O_1O_2 交于点 C。由瞬心的概念和"三心定理"可知，交点 C 为两齿轮瞬时速度相同的点。故有

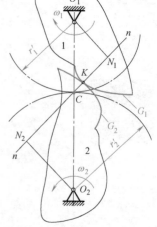

$$\overline{O_1C}\omega_1 = \overline{O_2C}\omega_2$$

可得两齿轮的传动比为

$$i_{12} = \frac{\omega_1}{\omega_2} = \frac{\overline{O_2C}}{\overline{O_1C}} \tag{5-13}$$

式（5-13）表明：一对啮合齿轮的瞬时传动比与其连心线

图 5-17　一对相互啮合的齿轮

O_1O_2 被齿廓接触点公法线所分割的两线段长度成反比，这就是齿廓啮合基本定律。满足齿廓啮合基本定律的一对齿廓称为共轭齿廓。

由此可知，若要求两齿轮的传动比恒定，必须使点 C 为连心线上的一个定点。也就是说，要使两齿轮做定传动比传动，不论两齿廓在任何位置接触，过接触点的齿廓公法线均应与连心线交于一个定点 C。交点 C 称为节点。分别以 O_1 和 O_2 为圆心，过节点 C 所作的两个相切的圆称为节圆，节圆半径分别用 r_1' 和 r_2' 表示。由于两齿轮在节点的相对速度等于零，所以一对齿轮传动时，两个节圆做纯滚动。由图 5-17 可知，一对外啮合齿轮的中心距恒等于两节圆半径之和。

凡是能满足定传动比要求的一对齿廓曲线，从理论上说，都可以作为实现定传动比传动齿轮的齿廓曲线。但在生产实际中，齿廓曲线的选择除要满足传动比要求以外，还必须考虑制造、安装和强度等要求。目前常用的齿廓曲线有渐开线、摆线和圆弧等，其中以渐开线应用最广。本节主要讨论渐开线齿轮。

三、渐开线齿廓

1. 渐开线的形成

如图 5-18 所示，当直线 NK 沿着半径为 r_b 的圆周做纯滚动时，该直线上任意点 K 的轨迹 AK 称为该圆的渐开线。该圆称为渐开线的基圆，直线 NK 称为渐开线的发生线。$\theta_K = \angle AOK$ 称为渐开线上点 K 的展角。

2. 渐开线的性质

由渐开线的形成过程可知，渐开线具有以下特性。

1）发生线在基圆上滚过的一段长度等于基圆上被滚过的一段弧长，即

$$\overline{NK} = \widehat{AN}$$

2）渐开线上任意一点的法线必切于基圆。

当发生线 NK 沿基圆做纯滚动时，点 N 为其瞬时转动中心。因此，线段 NK 为渐开线上点 K 的曲率半径，点 N 为曲率中心，直线 NK 为渐开

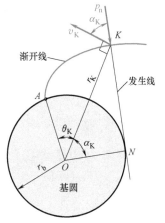

图 5-18　动画

图 5-18　渐开线的形成

线上点 K 的法线。由于发生线始终与基圆相切，故渐开线上任意一点的法线必切于基圆。

3）渐开线上各点的曲率半径不同，离基圆越远，其曲率半径越大，渐开线越平直。

4）渐开线的形状取决于基圆半径的大小。如图 5-19 所示，基圆越小，渐开线在点 K 的曲率半径越小，渐开线越弯曲；反之，基圆越大，渐开线越平直。当基圆半径趋于无穷大时，其渐开线将成为一条垂直于 N_3K 的直线，即为渐开线齿条的齿廓曲线。

5）同一基圆上所生成的任意两条渐开线（同向或者反向）沿公法线方向对应点之间的距离处处相等，即为法向等距曲线。如图 5-20 所示，G_1 和 G_2 为同向渐开线，有 $K_1K_1' = K_2K_2'$；G_2 和 G_3 为反向渐开线，有 $K_1'K_1'' = K_2'K_2''$。

6）基圆以内无渐开线。

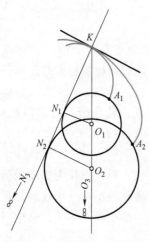

图 5-19　不同基圆的渐开线

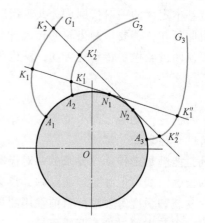

图 5-20　法向等距的渐开线

四、渐开线齿轮机构的传动比

齿轮机构的传动比为

$$i_{12} = \frac{\omega_1}{\omega_2} = \frac{n_1}{n_2}$$

因为齿轮机构是通过两轮轮齿啮合进行传动的，故在相同时间内，两个齿轮参与啮合的齿数应相等，即 $n_1 z_1 = n_2 z_2$，代入上式可得

$$i_{12} = \frac{n_1}{n_2} = \frac{z_2}{z_1} = 常数 \tag{5-14}$$

即：渐开线齿轮机构的传动比等于两齿轮齿数之反比。

五、渐开线标准直齿圆柱齿轮的几何尺寸

1. 齿轮各部分的名称

图 5-21 所示为渐开线标准直齿圆柱齿轮的一部分，由于齿轮沿其宽度 B 方向的剖面形状都相同，因此只需从其端面形状来讨论齿轮的各部分名称及尺寸计算。

（1）齿顶圆　过齿轮所有轮齿顶端的圆称为齿顶圆，其半径用 r_a 表示，直径用 d_a 表示。

（2）齿根圆　过齿轮所有齿槽底部的圆称为齿根圆，其半径用 r_f 表示，直径用 d_f 表示。

（3）基圆　形成齿轮渐开线齿廓的圆称为基圆，其半径用 r_b 表示，直径用 d_b 表示。

（4）分度圆　为设计、制造方便，在齿顶圆与齿根圆之间规定了一个圆，作为计算齿轮各部分尺寸的基准，该圆称为分度圆，其半径用 r 表示，直径用 d 表示。

（5）齿顶高　齿顶圆与分度圆之间的径向距离称为齿顶高，用 h_a 表示。

（6）齿根高　齿根圆与分度圆之间的径向距离称为齿根高，用 h_f 表示。

（7）齿高　齿顶圆与齿根圆之间的径向距离称为齿高，用 h 表示，且 $h = h_a + h_f$。

（8）齿厚　一个轮齿的两侧齿廓在某一个圆上的弧长称为齿厚。不同圆上的齿厚不同，在半径为 r_k 的圆上，齿厚用 s_k 表示；分度圆上的齿厚用 s 表示。

（9）齿槽宽　一个齿槽两侧齿廓在某一个圆上的弧长称为齿槽宽。不同圆上的齿槽宽不同，在半径为 r_k 的圆上，齿槽宽用 e_k 表示；分度圆上的齿槽宽用 e 表示。

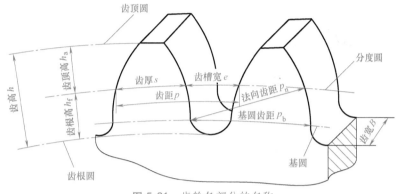

图 5-21　齿轮各部分的名称

（10）齿距　相邻两个轮齿同侧齿廓在某一个圆上的弧长称为齿距。不同圆上的齿距不同，在半径为 r_k 的圆上，齿距用 p_k 表示，显然有 $p_k = s_k + e_k$；分度圆上的齿距用 p 表示，同样 $p = s + e$。

（11）法向齿距　相邻两个轮齿同侧齿廓在法线方向上的距离称为法向齿距，用 p_n 表示。由渐开线特性可知：$p_n = p_b$（基圆齿距）。

2. 渐开线标准直齿圆柱齿轮的基本参数

为便于齿轮的设计、制造及互换使用，规定了以下五个基本参数，同时给出其他尺寸参数与这五个基本参数的关系，以实现齿轮的标准化设计。

（1）齿数 z　齿轮轮齿的总数称为齿数，用 z 表示。

（2）分度圆模数 m　分度圆是设计、制造齿轮的基准圆，也是齿轮尺寸计算的基准。由分度圆周长 $= \pi d = zp$，可得

$$d = \frac{zp}{\pi} \tag{5-15}$$

由式（5-15）可知，由于 π 是无理数，分度圆直径也可能为无理数，用一个无理数的尺寸作为设计标准是不利于设计的。为了便于设计、加工和检验，令

$$m = \frac{p}{\pi} \tag{5-16}$$

m 称为分度圆模数，简称模数，单位是 mm，为一个有理数。故有

$$d = mz \tag{5-17}$$

模数 m 的数值已经标准化，其标准值见表 5-6。

表 5-6　标准模数（摘自 GB/T 1357—2008）　　　　　　　　　　　（单位：mm）

第一系列	1	1.25	1.5	2	2.5	3	4	5	6	8	10
	12	16	20	25	32	40	50				
第二系列	1.125	1.375	1.75	2.25	2.75	3.5	4.5	5.5	(6.5)	7	9
	11	14	18	22	28	36	45				

注：1. 本表适用于直齿及斜齿圆柱齿轮，对斜齿圆柱齿轮是法向模数。
　　2. 选用模数时，应优先选用第一系列，其次是第二系列，括号内的数值尽可能不用。

图 5-22 所示为不同齿数及模数的齿轮、齿条分布情况。对于齿数相同但模数不同的齿轮及齿条而言，m 越大，轮齿越大，轮齿的弯曲强度越大，承载能力越高。

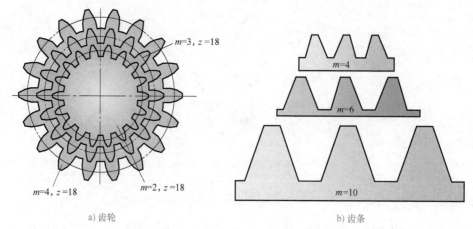

a) 齿轮   b) 齿条

图 5-22 齿轮与齿条尺寸随模数的变化

（3）分度圆压力角 α 如图 5-18 所示，渐开线齿廓在 K 点啮合时，正压力 p_n 的方向应为齿廓法线 KN 的方向，K 点的速度 v_K 垂直于 OK，p_n 与 v_K 之间所夹的锐角称为渐开线在 K 点的压力角。其大小等于 $\angle KON$。在直角 $\triangle ONK$ 中，有

$$r_K = \frac{r_b}{\cos\alpha_K} \tag{5-18}$$

由式（5-18）可知，同一个渐开线齿廓上各点的压力角不相等。为了便于设计、制造、检验和齿轮的互换性，规定分度圆上的压力角为标准值。我国规定标准压力角 α 为 20°。其他圆上的压力角都不是标准值。

规定模数和压力角为标准值后，可以给分度圆下一个确切的定义：分度圆就是齿轮中具有标准模数和标准压力角的圆。

（4）齿顶高系数 h_a^* 齿顶高 h_a 用齿顶高系数 h_a^* 与模数 m 的乘积表示，$h_a = h_a^* m$。

（5）顶隙系数 c^* 一对齿轮啮合时，一个齿轮的齿顶圆与另一个齿轮的齿根圆之间需要留有一定的间隙，该间隙称为齿顶间隙，简称顶隙，用 c 表示。顶隙 c 用顶隙系数 c^* 与模数 m 的乘积表示，$c = c^* m$。

齿根高可用齿顶高系数 h_a^* 与顶隙系数 c^* 之和乘以模数表示，$h_f = (h_a^* + c^*) m$。

我国规定了齿顶高系数与顶隙系数的标准值，见表 5-7。

表 5-7 渐开线圆柱齿轮标准齿顶高系数和顶隙系数

系数	正常齿制	短齿制
h_a^*	1	0.8
c^*	0.25	0.3

3. 渐开线标准直齿圆柱齿轮的几何尺寸和基本参数的关系

渐开线标准直齿圆柱齿轮除基本参数是标准值外，还有两个特征：

1）分度圆上的齿厚和齿槽宽相等，即

$$s = e = \frac{p}{2} = \frac{1}{2}\pi m \qquad (5\text{-}19)$$

2）具有标准的齿顶高和齿根高，即

$$h_a = h_a^* m, h_f = (h_a^* + c^*)m \qquad (5\text{-}20)$$

不具备上述两个特征的齿轮称为非标准齿轮。

渐开线标准直齿圆柱齿轮的几何尺寸计算公式见表5-8。

由表5-8可以看出，只要z、m、α、h_a^*、c^*这五个参数确定之后，齿轮的几何尺寸、渐开线曲线形状就确定了，因而这五个参数称为渐开线标准齿轮的基本参数。

表5-8　渐开线标准直齿圆柱齿轮的几何尺寸计算公式

名称	符号	计算公式	
		小齿轮	大齿轮
分度圆直径	d	$d_1 = m z_1$	$d_2 = m z_2$
齿顶圆直径	d_a	$d_{a1} = (z_1 \pm 2h_a^*)m$	$d_{a2} = (z_2 \pm 2h_a^*)m$
齿根圆直径	d_f	$d_{f1} = (z_1 \mp 2h_a^* \mp 2c^*)m$	$d_{f2} = (z_2 \mp 2h_a^* \mp 2c^*)m$
基圆直径	d_b	$d_{b1} = mz_1\cos\alpha$	$d_{b2} = mz_2\cos\alpha$
齿顶高	h_a	$h_{a1} = h_{a2} = h_a^* m$	
齿根高	h_f	$h_{f1} = h_{f2} = (h_a^* + c^*)m$	
齿高	h	$h_1 = h_2 = (2h_a^* + c^*)m$	
齿距	p	$p = \pi m$	
基圆齿距	p_b	$p_b = p_n = \pi m\cos\alpha$	
齿厚	s	$s = \pi m/2$	
齿槽宽	e	$e = \pi m/2$	
顶隙	c	$c = c^* m$	
标准中心距	a	$a = m(z_2 \pm z_1)/2$	

注：1. 齿轮几何尺寸计算公式中上面符号用于外齿轮；下面符号用于内齿轮。
　　2. 中心距计算公式中上面符号用于外啮合齿轮传动；下面符号用于内啮合齿轮传动。

4. 内齿轮

图5-23所示为一直齿内齿轮的一部分，与外齿轮相比，其具有以下不同点：

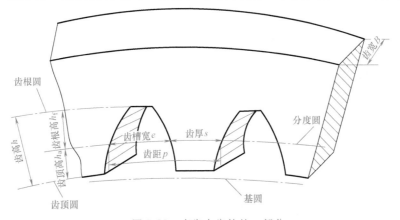

图 5-23　直齿内齿轮的一部分

1）内齿轮的齿顶圆小于分度圆，齿根圆大于分度圆。

2）内齿轮的齿廓是内凹的，其齿厚和齿槽宽分别对应于外齿轮的齿槽宽和齿厚。

3）为了使内齿轮齿顶的齿廓全部为渐开线，其齿顶圆必须大于基圆。

5. 齿条

图 5-24 所示为一标准齿条，它可看成是齿轮的特例。当渐开线标准齿轮的齿数增加到无穷多时，齿轮上的所有圆都变成了互相平行的直线，同侧渐开线齿廓也变成了相互平行的斜直线齿廓，这样就成了渐开线标准齿条。

齿条具有以下两个特点：

1）由于齿条齿廓是斜直线，所以齿廓上各点的法线是平行的。又由于齿条在传动时齿廓上各点的速度相同，所以齿条齿廓上各点的压力角都相同，且等于齿廓的倾斜角，称为齿形角，标准值为 20°。

2）齿条上与齿顶线相平行的各直线上的齿距都

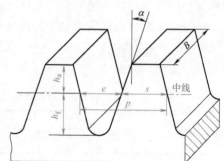

图 5-24　标准齿条

相同，模数为同一标准值。齿厚与齿槽宽相等且与齿顶线平行的直线称为中线，它是确定齿条各部分尺寸的基准线。

六、渐开线标准直齿圆柱齿轮的正确啮合条件和标准安装条件

1. 正确啮合条件

一对具有渐开线齿廓的齿轮能实现定传动比传动，但并不表明任意两个渐开线齿轮装配起来就能正确啮合传动。一对渐开线齿轮要想正确地啮合传动，必须满足一定的条件，即正确啮合条件。

渐开线标准直齿圆柱齿轮的正确啮合条件：两轮的模数和压力角分别相等，即

$$\left.\begin{matrix} m_1 = m_2 = m \\ \alpha_1 = \alpha_2 = \alpha \end{matrix}\right\} \tag{5-21}$$

当不满足正确啮合条件时，传动会短时间中断或被卡住，从而产生冲击。

2. 标准安装条件

一对相互啮合的齿轮，标准安装时应满足以下两个条件：两轮的齿侧间隙为零；齿顶间隙为标准值，其标准值为 $c = c^* m$，如图 5-25 所示。

这时，两齿轮的中心距为

$$a = r_{a1} + c + r_{f2} = r_1 + h_a^* m + c^* m + r_2 - h_a^* m - c^* m = r_1 + r_2 \tag{5-22}$$

另外，中心距始终等于两个节圆半径之和，即

$$a = r_1' + r_2' \tag{5-23}$$

故有

$$a = r_1' + r_2' = r_1 + r_2 = \frac{m}{2}(z_1 + z_2) \tag{5-24}$$

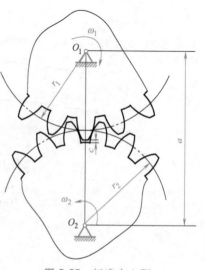

图 5-25　标准中心距

从而可知，当两齿轮标准安装时，两轮的分度圆相切，节圆与分度圆重合，此时的中心距 a 称为标准中心距。

七、齿轮的失效形式

按照工作条件，齿轮传动分为开式传动和闭式传动两种形式。闭式传动的齿轮封闭在刚性箱体内，具有良好的润滑和工作条件，重要的齿轮传动都采用闭式传动，如汽车、机床、航空发动机等所用的齿轮传动。开式传动的齿轮是外露的，不能保证良好的润滑，且易落入灰尘和杂质，只宜用于低速传动，常用于农业机械、建筑机械以及简易的机械设备中。

一般情况下，齿轮传动的失效主要发生在轮齿上。根据齿轮的工作条件、使用状况以及齿面硬度的不同，其失效形式也不同。常见的失效形式有轮齿折断、齿面点蚀、齿面磨损、齿面胶合和齿面塑性变形五种。

1. 轮齿折断

因为轮齿受力时齿根弯曲应力最大，而且有应力集中，所以轮齿折断一般发生在齿根部分，如图 5-26 所示。轮齿折断是齿轮失效中最危险的一种形式。

轮齿折断又可以分为过载折断和疲劳折断两种类型。

（1）过载折断　轮齿因短时意外的严重过载或冲击载荷的作用而引起的突然折断，称为过载折断。过载折断的断口比较平直，且断面粗糙。用淬火钢或铸铁制造的齿轮，容易发生过载折断。

（2）疲劳折断　在载荷的多次重复作用下，弯曲应力超过弯曲疲劳极限时，齿根部分将产生疲劳裂纹（图 5-27），裂纹逐渐扩展，最终导致轮齿折断，这种折断称为疲劳折断。

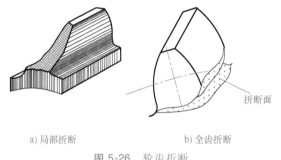

a) 局部折断　　　　b) 全齿折断

图 5-26　轮齿折断

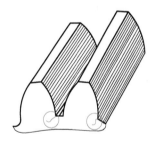

折断面

图 5-27　齿根疲劳裂纹

齿宽较小的直齿轮常发生全齿折断，齿宽较大的直齿轮，因制造装配误差易产生载荷偏置一端，故导致局部折断；斜齿轮和人字齿轮，由于接触线倾斜，一般产生局部轮齿折断。

为了提高齿轮的抗折断能力，可采用以下措施：①采用高强度钢；②采用合适的热处理方式，以增强轮齿齿芯的韧性；③增大齿根过渡圆角半径，消除齿根加工刀痕，减少齿根应力集中；④采用喷丸、滚压等工艺措施对齿根表层进行强化处理；⑤采用正变位齿轮，增大齿根的强度。

2. 齿面点蚀

齿轮工作时，轮齿工作表面上任一点所产生的接触应力由零（该点未进入啮合时）增加到某一最大值（该点啮合时），然后再减小为零（该点脱开啮合），即齿面接触应力按照脉动循环变化。当齿面接触应力超出材料接触疲劳极限时，在载荷的多次重复作用下，齿面表层将出现细微的疲劳裂纹，裂纹蔓延扩展导致金属微粒剥落而形成麻点状凹坑，这种现象称为齿面疲劳点蚀，如图5-28所示。发生点蚀后，齿廓形状遭到破坏，传动平稳性受到影响，并产生振动和噪声，齿轮不能正常工作而报废。

实践表明，齿面疲劳点蚀首先出现在齿面节线附近的齿根部分，这是因为节线附近齿面相对滑动速度小，不易形成油膜，摩擦力较大，且节线处同时参与啮合的轮齿对数少，接触应力大。齿面抗点蚀能力主要与齿面硬度有关，齿面硬度越高，抗点蚀能力越强。点蚀是润滑良好的闭式软齿面（硬度≤350HBW）齿轮传动的主要失效形式。在开式齿轮传动中，由于齿面磨损较快，点蚀还来不及出现或扩展即被磨掉，因此不会出现点蚀。

提高齿轮接触疲劳强度的措施有：①提高齿面硬度；②降低齿面的表面粗糙度值；③采用黏度较高的润滑油；④采用正变位齿轮，增大综合曲率半径。

3. 齿面磨损

齿面磨损通常有磨粒磨损和磨合磨损两种。灰尘、沙粒等进入齿面，会引起磨粒磨损，如图5-29a所示。齿面磨损后，引起齿廓变形，将产生振动、冲击和噪声。当磨合磨损（图5-29b）严重时，由于齿厚过薄而可能产生轮齿折断。齿面磨损是开式齿轮传动的主要失效形式。

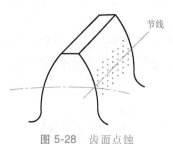

a) 磨粒磨损

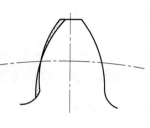

b) 磨合磨损

图 5-28　齿面点蚀　　　　　　　　　　　图 5-29　齿面磨损

新齿轮副，由于加工后表面具有一定的表面粗糙度，受载时实际上只有部分峰顶接触。接触处压强很高，因而在开始运转期间磨损速度较快，磨损量较大，磨损到一定程度后，摩擦面逐渐光洁，压强减小，磨损速度减缓，这种磨损称为磨合磨损。人们有意地使新齿轮在轻载下进行主要磨合，为随后的正常磨损创造条件。需要注意的是，磨合结束后，必须清洗和更换润滑油。

提高齿面抗磨损能力的措施有：①改善密封条件，采用闭式传动代替开式传动；②提高齿面硬度；③改善润滑条件，在润滑油中加入减摩添加剂，保持润滑油的清洁。

4. 齿面胶合

在高速重载传动中，齿面间压力大、相对滑动速度高，因摩擦发热而使啮合区温度升高引起润滑失效，致使互相啮合的轮齿齿面发生粘连，随着齿面的相对运动，较软齿面沿滑动方向的粘连金属被撕脱，在齿面上形成沟痕，这种现象称为齿面胶合，如图5-30所示。齿面胶合主要发生在齿顶和齿根等相对速度较大处。

在低速重载传动中，由于齿面不易形成油膜，也会产生

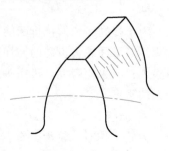

图 5-30　齿面胶合

胶合破坏。

提高抗齿面胶合能力的措施有：①提高齿面硬度，降低表面粗糙度值；②高速重载传动中，加抗胶合添加剂，采取合理的散热结构；③低速重载传动中，选用黏度较大的润滑油。

5. 齿面塑性变形

齿面塑性变形是在过大的应力作用下，齿轮材料处于屈服状态导致齿面或齿体塑性流动而形成的变形。当轮齿材料较软，而载荷很大时，轮齿在啮合的过程中，齿面油膜被破坏，摩擦力增大，齿面表层的材料就会沿摩擦力方向产生塑性变形。齿面塑性变形常发生在齿面材料较软、低速重载的传动中。由于啮合传动时，主动轮齿面所受的摩擦力背离节线分别指向齿顶和齿根，故产生塑性变形后，齿面沿节线形成凹槽；而从动轮齿面所受的摩擦力分别由齿顶和齿根指向节线，产生塑性变形后，齿面沿节线形成凸脊，如图5-31所示。

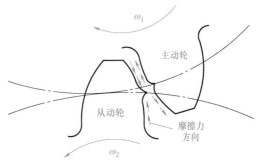

图5-31 齿面塑性变形

提高齿面抗塑性变形能力的措施有：①提高齿面硬度；②采用黏度高的润滑油。

八、齿轮的材料及热处理

根据齿轮的失效形式，设计齿轮时，齿轮材料应满足以下条件：首先，齿面要有足够的硬度，以具有较高的抗点蚀、耐磨损、抗胶合和抗塑性变形的能力；其次，轮芯材料要有高的强度极限和疲劳极限以及足够的韧性，以使齿根具有较高的抗折断能力。此外，还应具有良好的加工性能，以便获得较高的表面质量和精度。

常用的齿轮材料主要是钢，有时采用铸铁，在某些情况下也采用非金属材料，如尼龙、聚甲醛等。

1. 闭式齿轮传动

工作速度较高时，齿轮容易产生齿面点蚀或胶合，应选择能够提高齿面硬度的高频感应淬火用钢，如45、40Cr、42SiMn等，并进行表面淬火处理。

中速中载传动时，可选择综合性能较好的调质钢，如45、42Cr等，并进行调质处理。

受冲击载荷的齿轮，应选择齿面硬且齿芯韧性较好的渗碳钢，如20Cr或20CrMnTi，并进行渗碳处理。

重要的或结构要求紧凑的齿轮传动，应选择合金钢。

2. 开式齿轮传动

开式齿轮传动的润滑条件较差，其主要失效形式为齿面的磨粒磨损，应选择减摩性和耐磨性较好的材料。速度较低且传动比较稳定时，可选用铸铁或采用钢与铸铁配合。

九、渐开线齿轮的加工

齿轮的加工方法有很多,如铸造法、冲压法、热轧法和切削加工法等。根据其加工原理来分类,可分为仿形法和展成法两种。

1. 仿形法

仿形法又称为成形法,是指用与齿槽形状相同的成形刀具或模具将轮坯齿槽的材料去掉。所采用的刀具有盘状铣刀和指形齿轮铣刀两种,如图 5-32 所示。

加工时,铣刀绕其自身的轴线旋转,同时齿轮轮坯沿其轴线送进。铣出一个齿槽后,轮坯退回原来的位置,并利用分度盘转过 $360°/z$,然后加工第二个齿槽,直至加工完成全部齿槽。

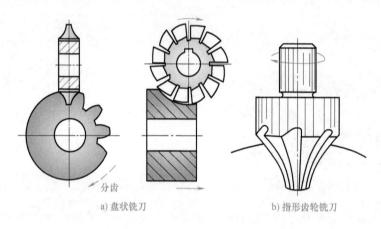

a) 盘状铣刀   b) 指形齿轮铣刀

图 5-32 仿形法加工齿轮

仿形法的优点是加工方法简单,不需要专门的齿轮加工设备;缺点是加工精度低,生产率低,适用于单件或少量低精度齿轮的修配。

2. 展成法

展成法是指利用一对齿轮做无侧隙啮合传动时,两轮的齿廓互为包络线的原理来加工齿轮,因而又称为包络法。如果把其中一个齿轮(或齿条)做成刀具,就可以切出与它共轭的渐开线齿廓。常用的刀具有齿轮插刀、齿条插刀和齿轮滚刀。

(1)齿轮插刀 图 5-33a 所示为在插齿机上用齿轮插刀切削齿轮的情形。齿轮插刀相当

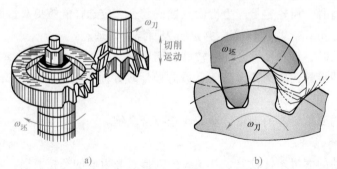

a)   b)

图 5-33 齿轮插刀切削轮齿

于有切削刃的外齿轮。加工时，插刀沿轮坯轴线方向做往复切削运动；同时，插刀与轮坯按给定的传动比做展成运动，如图 5-33b 所示，直至全部齿槽切削完毕。另外，齿轮刀具比正常轮齿高 $c^* m$，以便切削出齿顶间隙。

因为齿轮插刀的齿廓为渐开线，所以加工出的齿轮的齿廓也是渐开线。根据正确啮合条件，被加工齿轮的模数和压力角必定与插刀的模数和压力角相等，故用同一把插刀切出的齿轮都能正确啮合。加工齿数不同的齿轮时，只需根据被切齿轮齿数来调整插刀转速和轮坯转速即可。

（2）齿条插刀　用齿条插刀切齿是模仿齿轮和齿条的啮合传动。将齿条磨削出切削刃制成齿条插刀，如图 5-34 所示。

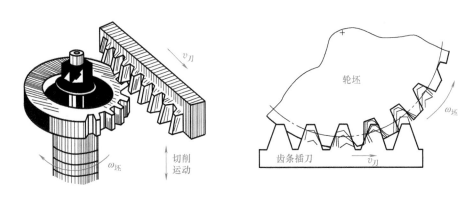

图 5-34　齿条插刀切削轮齿

由插齿机床保证齿条插刀与轮坯的展成运动，即保证

$$v_{刀} = r\omega_{坯} = \frac{mz}{2}\omega_{坯} \tag{5-25}$$

式中　$v_{刀}$——齿条插刀的移动速度；

$\quad\quad z$——被加工齿轮的齿数；

$\quad\quad \omega_{坯}$——轮坯的角速度。

再加上齿条插刀沿轮坯轴线方向的切削运动，就可以切出渐开线齿轮。只有当轮坯的角速度与刀具的移动速度满足上述关系时，才能加工出所需齿轮的齿数，即被加工齿轮的齿数 z 取决于 $v_{刀}$ 与 $\omega_{坯}$ 的比值。同理，齿条刀具应比正常轮齿高 $c^* m$，以便切削出齿顶间隙，如图 5-35 所示。

由于渐开线齿条的齿廓是直线，因而齿条插刀的切削刃可以制造得比较精确，从而使加工出来的渐开线齿廓比较准确。但是齿条插刀的长度是有限的，当被加工齿轮的齿数多于齿条刀齿数时，切削加工就不连续，得重新调整齿条插刀与

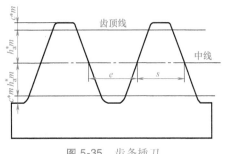

图 5-35　齿条插刀

轮坯的相对位置。

（3）齿轮滚刀　为了解决因齿条插刀有限长度而带来加工不连续的问题，在生产中普遍采用齿轮滚刀来加工齿轮。齿轮滚刀的形状像一个螺旋，如图5-36a所示。

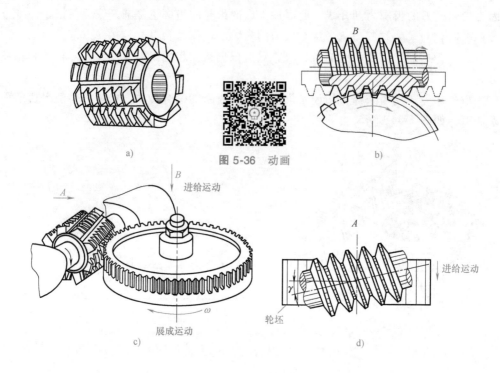

图5-36　动画

图5-36　齿轮滚刀

滚刀在轮坯端面上的投影为一渐开线齿条，滚刀转动时相当于一个齿条插刀做连续的移动，如图5-36b所示，因此用齿轮滚刀加工齿轮的生产过程就连续了。加工过程中，除了滚刀与轮坯相对转动外，滚刀沿轮坯轴线方向还做进给运动，以便切出整个齿长，如图5-36c、d所示。

用展成法加工齿轮时，相同模数、压力角但齿数不同的齿轮可用一把刀具加工，其齿形均为精确的渐开线齿廓，加工精度高，生产率高，可用于大批量生产。

十、渐开线齿轮的根切

用展成法加工齿轮，当被加工齿轮的齿数较少时，会出现刀具的顶部切入被加工齿轮的根部，且将轮齿根部的一段渐开线切掉，如图5-37所示，这种现象称为轮齿的根切。根切将大大削弱轮齿的弯曲强度，减少渐开线的啮合长度，影响传动的平稳性，对传动不利，因此应避免根切的产生。压力角 $\alpha = 20°$ 的正常齿制渐开线齿轮，不产生根切的最少齿数为17。

避免产生根切的措施如下：

1）设计齿轮时，应使小齿轮的齿数大于或等于17。

2）加工齿轮时，采用正变位，即使轮坯远离刀具一定的距离，如图5-38所示。这时加工出来的齿轮称为变位齿轮。

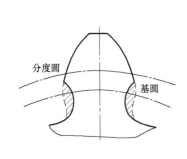

图 5-37　根切现象

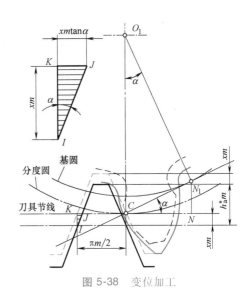

图 5-38　变位加工

十一、齿轮传动的特点和应用

齿轮传动的优点有：瞬时传动比恒定不变，传动精度高，工作可靠，寿命长，传动效率高，一般为 $0.92 \sim 0.98$，外廓尺寸小，结构紧凑，所适应的传动比、功率和圆周速度范围广；缺点主要表现为制造和安装要求精度高，高速工作时会产生噪声。

齿轮传动是机械传动中应用最广的一种传动，如用于各种机器的变速、减速装置中。

十二、直齿圆柱齿轮的规定画法

国家标准 GB/T 4459.2—2003 对机械图样中齿轮的画法做了规定。

1. 单个齿轮的画法

单个齿轮的画法如图 5-39 所示。

1）齿顶圆和齿顶线用粗实线绘制。

2）分度圆和分度线用细点画线绘制。

3）齿根圆和齿根线用细实线绘制，也可以省略不画；在剖视图中，齿根线用粗实线绘制。

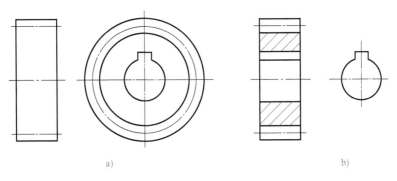

　　　　a)　　　　　　　　　　　　　　　　b)

图 5-39　单个齿轮的画法

4）在剖视图中，当剖切平面通过齿轮轴线时，轮齿一律按不剖画出。

5）一般用两个视图表示齿轮，如图 5-39a 所示，也可以用一个视图和一个局部视图表示，如图 5-39b 所示。

2. 一对齿轮啮合的画法

一对标准齿轮啮合，它们的模数相等，分度圆相切。其画法如图 5-40 所示。

1）在非啮合区，按单个齿轮的规定画法绘制。

2）在投影为圆的视图中，两分度圆相切，两齿顶圆用粗实线完整绘制（图 5-40a），啮合区内齿顶圆也可以省略不画，如图 5-40b 所示。齿根圆用细实线绘制，也可以省略不画。

3）在投影为非圆的视图中，一般画成剖视图，且剖切面通过两齿轮的轴线，两分度线重合用细点画线绘制，齿根圆用粗实线绘制，一个齿轮的齿顶线用粗实线绘制，另一个齿轮的齿顶线画虚线或省略不画，如图 5-40c、d 所示。不剖时，两分度线重合并用粗实线绘制，如图 5-40e 所示。

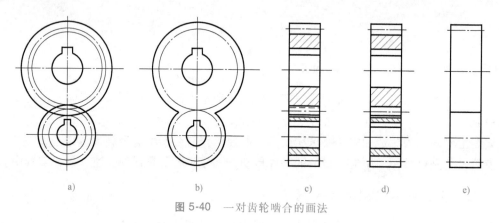

图 5-40　一对齿轮啮合的画法

十三、齿轮的结构

齿轮的结构与齿轮直径大小、毛坯、材料、加工方法、使用要求及经济性等因素有关。常用的齿轮结构类型有齿轮轴、实心式、腹板式和轮辐式等，见表 5-9。

表 5-9　齿轮的结构类型

齿轮类型	结构简图	齿轮结构选用标准
齿轮轴		圆柱齿轮的齿根圆至键槽底部的距离 $x \leqslant 2m$（m 为齿轮模数）时，采用齿轮轴结构

（续）

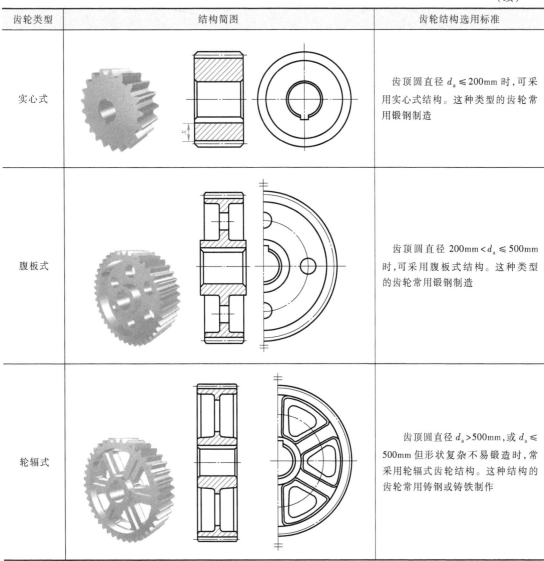

齿轮类型	结构简图	齿轮结构选用标准
实心式		齿顶圆直径 $d_a \leq 200mm$ 时,可采用实心式结构。这种类型的齿轮常用锻钢制造
腹板式		齿顶圆直径 $200mm < d_a \leq 500mm$ 时,可采用腹板式结构。这种类型的齿轮常用锻钢制造
轮辐式		齿顶圆直径 $d_a > 500mm$,或 $d_a \leq 500mm$ 但形状复杂不易锻造时,常采用轮辐式齿轮结构。这种结构的齿轮常用铸钢或铸铁制作

十四、齿轮传动的润滑

开式齿轮传动通常采用人工定期加油润滑,润滑剂采用润滑油或润滑脂。

通用的闭式齿轮传动,可根据齿轮的圆周速度大小确定润滑方式。当齿轮的圆周速度 $v < 12m/s$ 时,通常采用浸油润滑方式,即将大齿轮浸入油池中进行润滑,如图 5-41a 所示。

多级齿轮传动机构中,对于未浸入油池内的齿轮,可采用带油轮将油带到未浸入油池的齿轮齿面内,如图 5-41b 所示。

当齿轮的圆周速度 $v > 12m/s$ 时,由于其圆周速度大,齿轮搅油剧烈,且黏附在齿廓面上的油易被甩掉,因此不宜采用浸油润滑,这时可采用喷油润滑,即用油泵将具有一定压力的润滑油经喷嘴喷到啮合的齿面上,如图 5-41c 所示。这种喷油润滑效果好,但是需要专门的油管、过滤器和油量调节装置等,故成本较高。

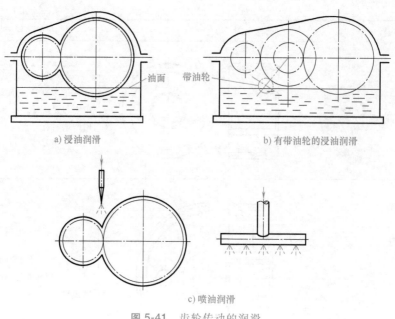

a) 浸油润滑   b) 有带油轮的浸油润滑

c) 喷油润滑

图 5-41   齿轮传动的润滑

【课堂讨论】：渐开线标准直齿外齿轮的齿根圆一定大于基圆吗？当齿根圆与基圆重合时，齿轮的齿数是多少？分度圆和节圆有什么区别？

第四节   蜗 杆 传 动

蜗杆蜗轮机构由蜗杆和蜗轮组成，用于传递两交错轴间的运动和动力，如图 5-42 所示。一般情况下，其交错角为 90°，通常蜗杆为主动件，蜗轮为从动件，做减速运动。

一、蜗杆传动的特点

蜗杆传动具有以下特点：

1）由于蜗杆的头数（齿数）少，故单级传动可获得较大的传动比，且结构紧凑。一般用于减速传动，传动比 $i = 8 \sim 80$。在分度机构中，传动比可达 1000。

2）由于蜗杆的轮齿是连续不断的螺旋齿，在与蜗轮啮合的过程中，轮齿是逐渐进入啮合并且逐渐退出啮合的，故传动平稳，冲击和噪声小。

图 5-42   蜗杆蜗轮机构

蜗轮

蜗杆

3）蜗杆传动一般具有自锁性。具有自锁性的蜗杆传动常被用在起重装置中。

4）由于蜗杆蜗轮啮合时轮齿间的相对滑动速度大，由此产生的摩擦、磨损也大，故传动效率较低，一般为 $0.7 \sim 0.8$，有自锁性的蜗杆传动效率小于 0.5。

5）由于蜗杆蜗轮之间的摩擦较大，为了提高减摩性和耐磨性，蜗轮常采用锡青铜等减摩材料制造，故成本较高。

二、蜗杆传动的分类

蜗杆传动有多种形式，主要可以按照以下几种方式进行分类。

1. 按蜗杆形状分类

根据蜗杆形状不同，蜗杆可分为圆柱蜗杆、环面蜗杆和锥面蜗杆，如图 5-43 所示。

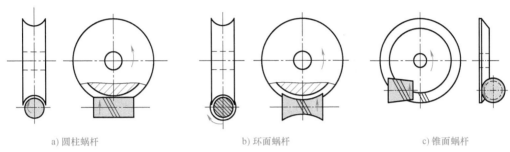

a) 圆柱蜗杆　　　　　　　　　b) 环面蜗杆　　　　　　　　　c) 锥面蜗杆

图 5-43　圆柱蜗杆、环面蜗杆和锥面蜗杆

2. 按蜗杆螺旋面形状分类

圆柱蜗杆按其螺旋面的形状又可分为阿基米德蜗杆（ZA 蜗杆）和渐开线蜗杆（ZI 蜗杆）。

（1）阿基米德蜗杆（ZA 蜗杆）　阿基米德蜗杆加工测量方便，应用广泛，又称为普通蜗杆。

切削加工时，切削刃的平面通过蜗杆轴线，车刀切削刃夹角 $2\alpha = 40°$，如图 5-44 所示。这时切出的齿形在包含蜗杆轴线的截面内为侧边呈直线的齿条，而在垂直于蜗杆轴线的截面内为阿基米德螺旋线。由于蜗杆的法向齿廓为曲线，磨削困难，故不易得到高精度、硬齿面的阿基米德蜗杆。

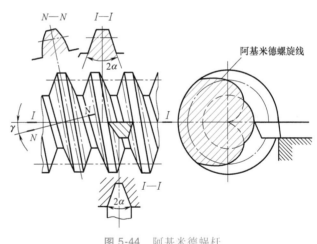

图 5-44　阿基米德蜗杆

（2）渐开线蜗杆（ZI 蜗杆）　渐开线蜗杆的齿形，在垂直于蜗杆轴线的截面内为渐开线，在包含蜗杆轴线的截面内为凸廓曲线，如图 5-45 所示。这种蜗杆可以像圆柱齿轮一样用滚刀铣切，适用于成批生产；也可以用平面砂轮磨削，一般用于转速较高和较精密的传动中。

3. 按蜗杆螺旋线方向分类

按蜗杆螺旋线方向不同，蜗杆可分为右旋蜗杆和左旋蜗杆两类，常用的是右旋蜗杆。

4. 按蜗杆头数分类

按蜗杆头数不同，蜗杆可分为单头蜗杆和多头蜗杆。单头蜗杆传动效率低，主要用于传动比较大，要求自锁的场合。多头蜗杆传动效率高，主要用于传动比不大，要求效率较高的场合。

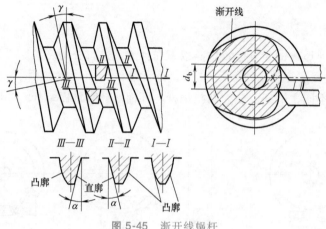

图 5-45　渐开线蜗杆

三、普通圆柱蜗杆传动的主要参数和几何尺寸

在普通圆柱蜗杆蜗轮机构中，通过蜗杆轴线并垂直于蜗轮轴线的平面，称为蜗杆蜗轮机构的中间平面，如图 5-46 所示。在中间平面内，蜗轮与蜗杆的啮合相当于齿轮与齿条的啮合。因此蜗杆传动规定，以中间平面上的参数为标准值，并采用齿轮传动的计算公式。

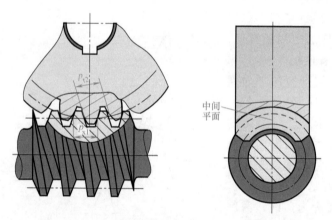

图 5-46　普通圆柱蜗杆传动的主要参数

1. 模数 m 和压力角 α

国家标准（GB/T 10085—2018）规定，蜗杆以轴向的参数为标准参数，蜗轮以端面的参数为标准参数。蜗杆的轴向模数和压力角分别用 m_{x1} 和 α_{x1} 表示，蜗轮的端面模数和压力角分别用 m_{t2} 和 α_{t2} 表示。标准压力角 $\alpha=20°$，蜗杆分度圆直径 d_1 与模数 m 标准值系列见表 5-10。

表 5-10　蜗杆分度圆直径 d_1 与模数 m 标准值系列　　　　　（单位：mm）

m	1	1.25	1.6	2	2.5	3.15	4	5	6.3	8	10
d_1	18	20 22.4	20 28	(18) 22.4 (28) 35.5	(22.4) 28 (35.5) 45	(28) 35.5 (45) 56	(31.5) 40 (50) 71	(40) 50 (63) 90	(50) 63 (80) 112	(63) 80 (100) 140	(71) 90 (112) 160

注：本表摘自 GB/T 10085—2018，括号中的数值尽可能不采用。

2. 蜗杆头数 z_1、蜗轮齿数 z_2 和传动比 i

蜗杆头数 z_1 的选择主要根据机构的传动比和效率来确定。一般推荐 $z_1 = 1$，2，4，6。蜗杆头数越少，效率越低。

蜗杆蜗轮机构的传动比 i 为

$$i = \frac{n_1}{n_2} = \frac{z_2}{z_1} \tag{5-26}$$

蜗轮的齿数 z_2 可由 z_1 和传动比 i 计算获得。为避免发生根切并使传动平稳，通常 $z_2 = 32\sim80$。z_2 过大时，蜗轮直径非常大，与之相啮合的蜗杆长度也非常大，其刚度较低，从而影响传动精度。

蜗杆与蜗轮的转向判断方法：蜗杆为右旋时用右手螺旋法则，蜗杆为左旋时用左手螺旋法则。半握拳，四指弯曲方向与主动蜗杆的回转方向一致，则拇指指向的相反方向即为从动蜗轮在啮合处的圆周速度方向，如图 5-47 所示。

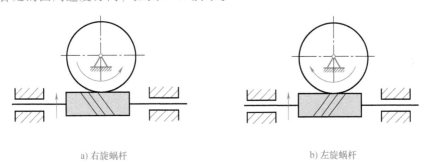

a) 右旋蜗杆　　　　　　　　　b) 左旋蜗杆

图 5-47　蜗杆蜗轮的转向

3. 蜗杆的分度圆直径 d_1 和蜗杆直径系数 q

为了减少蜗轮滚刀的规格，利于蜗轮滚刀标准化和系列化，国家标准规定将蜗杆的直径标准化，且与模数 m 相匹配，见表 5-10。蜗杆分度圆直径 d_1 与模数 m 的比值称为蜗杆直径系数 q，即

$$q = \frac{d_1}{m} \tag{5-27}$$

由于 d_1 和 m 均为标准值，所以 q 为计算值，不一定是整数。

4. 蜗杆导程角 γ

蜗杆分度圆柱上螺旋线的切线与蜗杆端面之间的夹角称为导程角 γ。把蜗杆的分度圆柱面展开成一个长方形，如图 5-48 所示，图中的 γ 即为导程角。设蜗杆轴向齿距为 p_x，则导

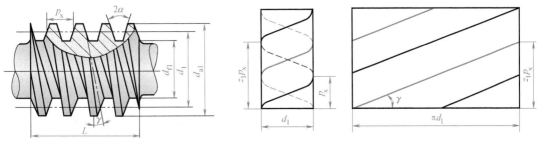

图 5-48　蜗杆的导程角

程 $P_h = z_1 p_x = z_1 \pi m$。故蜗杆的分度圆柱导程角 γ 为

$$\tan\gamma = \frac{P_h}{\pi d_1} = \frac{z_1 \pi m}{\pi d_1} = \frac{z_1 m}{d_1} = \frac{z_1}{q} \tag{5-28}$$

5. 标准中心距 a

当蜗杆节圆与分度圆重合时称为标准传动，其中心距为标准中心距，计算公式为

$$a = \frac{1}{2}(d_1 + d_2) = \frac{1}{2}(q + z_2)m \tag{5-29}$$

四、蜗杆蜗轮的正确啮合条件

由于在中间平面内，蜗杆与蜗轮的啮合相当于齿轮与齿条的啮合，因此必须满足齿轮和齿条的正确啮合条件，此外还需要保证两轴夹角为 90°，故蜗杆的分度圆柱导程角 γ 与蜗轮的螺旋角 β_2 大小相等，两者的旋向相同。因此，蜗杆蜗轮的正确啮合条件为

$$\left.\begin{aligned} m_{x1} &= m_{t2} = m \\ \alpha_{x1} &= \alpha_{t2} = \alpha \\ \gamma &= \beta_2 \end{aligned}\right\} \tag{5-30}$$

五、蜗杆蜗轮几何尺寸计算

标准蜗杆蜗轮几何尺寸计算公式见表 5-11。

表 5-11　标准蜗杆蜗轮几何尺寸计算公式

名称	计算公式	
	蜗杆	蜗轮
分度圆直径	$d_1 = mq$	$d_2 = mz_2$
齿顶高	$h_a = h_a^* m = m$	$h_a = h_a^* m = m$
齿根高	$h_f = h_a + c = (h_a^* + c^*)m = 1.2m$	$h_f = h_a + c = (h_a^* + c^*)m = 1.2m$
齿顶圆直径	$d_{a1} = d_1 + 2h_a = (q+2)m$	$d_{a2} = d_2 + 2h_a = (z_2 + 2)m$
齿根圆直径	$d_{f1} = d_1 - 2h_f = (q - 2.4)m$	$d_{f2} = d_2 - 2h_f = (z_2 - 2.4)m$
中心距	$a = \frac{1}{2}(d_1 + d_2) = \frac{1}{2}m(q + z_2)$	

六、蜗杆传动的失效形式和材料选择

1. 失效形式

蜗杆传动的失效形式和齿轮传动相类似，一般情况下，失效发生在强度较弱的蜗轮上。由于蜗杆蜗轮啮合区齿面存在较大的相对滑动速度，会因摩擦而产生大量的热量，故闭式蜗杆传动的主要失效形式是点蚀和胶合，开式蜗杆传动的主要失效形式是齿面磨损和轮齿折断。

2. 蜗杆蜗轮的材料

蜗杆为细长杆件，需要保证一定的强度和刚度，一般采用碳钢或合金钢制造。蜗轮材料通常指蜗轮轮缘部分的材料，需要具有较好的减摩性和耐磨性，故蜗轮常用青铜和铸铁

制造。

七、蜗杆蜗轮的画法

1. 蜗杆的画法

如图 5-49 所示，蜗杆的齿顶圆和齿顶线用粗实线绘制，分度圆和分度线用细点画线绘制，齿根圆和齿根线用细实线绘制。蜗杆一般用一个视图表示。为表达蜗杆的齿形，常用局部剖或局部放大图表示，轴向剖面齿形为梯形，顶角一般为 40°。

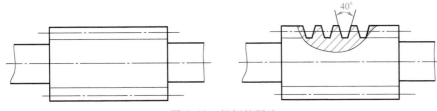

图 5-49　蜗杆的画法

2. 蜗轮的画法

蜗轮的画法与圆柱齿轮相似，如图 5-50所示。在左视图中，轮齿部分只画外圆（直径最大的圆），用粗实线绘制，分度圆用细点画线绘制，齿顶圆、齿根圆和倒角圆省略不画，其他部分按不剖绘制。

在与轴线平行的视图中，一般采用剖视，轮齿按不剖绘制，齿顶和齿根的圆弧用粗实线绘制。

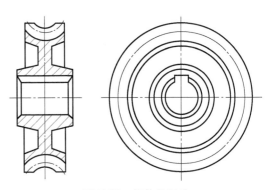

图 5-50　蜗轮的画法

3. 蜗轮蜗杆的啮合画法

如图 5-51 所示，在蜗杆投影为圆的视图上，不论是否剖视，蜗轮蜗杆啮合部分，蜗杆总是画成可见（即蜗杆、蜗轮投影重合部分，只画蜗杆）。在蜗轮投影为圆的视图上，蜗轮节圆应与蜗杆节线相切，蜗轮被蜗杆挡住的部分不画。在外形图中，蜗杆顶线与蜗轮外圆可重叠画出。

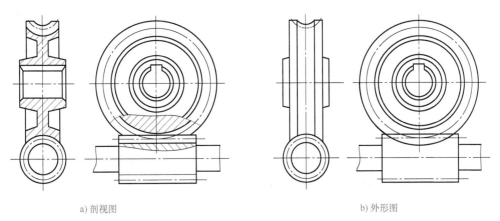

a) 剖视图　　　　　　　　　　　　　　　b) 外形图

图 5-51　蜗轮蜗杆的啮合画法

八、蜗杆和蜗轮的结构

1. 蜗杆的结构

因为蜗杆的直径较小，通常与轴做成一体，称为蜗杆轴，其结构类型如图 5-52 所示。当 $d_{f1}>d$ 时，可采用图 5-52a 所示的结构类型；当 $d_{f1}<d$ 时，可采用图 5-52b、c 所示的结构类型。图 5-52a、b 中蜗杆的螺旋部分既可以车制也可以铣制，图 5-52b 所示的结构有退刀槽，图 5-52c 所示的结构无退刀槽，加工螺旋部分时只能用铣制的方法，由于螺旋部分两侧轴径较大，故刚性较好。

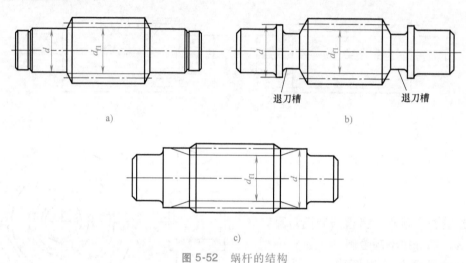

图 5-52　蜗杆的结构

2. 蜗轮的结构

（1）整体式　整体式蜗轮主要用于蜗轮分度圆直径小于 100mm 的青铜蜗轮或任意直径的铸铁蜗轮，其结构如图 5-53a 所示。

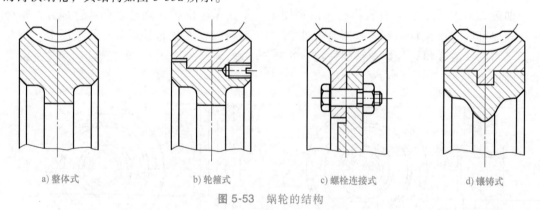

a) 整体式　　　b) 轮箍式　　　c) 螺栓连接式　　　d) 镶铸式

图 5-53　蜗轮的结构

（2）轮箍式　当蜗轮直径较大时，为节省贵重金属材料，经常采用轮箍式结构，轮缘为青铜，轮芯为铸铁，轮缘和轮芯通常采用过盈配合，并加台肩和螺钉将轮缘和轮芯固定，为了便于钻孔，应将螺纹孔中心线向材料较硬的一边偏移 2~3mm，其结构如图 5-53b 所示。

（3）螺栓连接式　当蜗轮直径>400mm 时，可将轮缘和轮芯用铰制孔螺栓连接，其结构如图 5-53c 所示。

（4）镶铸式　对于大批量生产的蜗轮，经常采用镶铸式结构，即将青铜轮缘镶铸在铸铁轮芯上，在浇注前先在轮芯上预制出榫槽，以防滑动，其结构如图5-53d所示。

【课堂讨论】：与齿轮传动相比，蜗杆传动最显著的优点是什么？

第五节　轮　系

一、轮系的组成和功用

在工程实际中，为了满足大传动比，或者将输入轴的一种转速变换为输出轴的多种转速等要求，经常采用多对齿轮组合成一个传动系统进行传动，这种由一对以上齿轮组成的齿轮系统称为轮系。轮系一般介于原动机与执行机构之间，其作用是把原动机的运动和动力传递给执行机构。

二、轮系的分类

根据轮系在运转时各齿轮的几何轴线在空间的相对位置是否固定，可以将轮系分为三大类：定轴轮系、周转轮系和混合轮系。

1. 定轴轮系

轮系运转过程中，所有齿轮轴线的几何位置都相对机架固定不动的轮系称为定轴轮系。定轴轮系又分为平面定轴轮系和空间定轴轮系。

（1）平面定轴轮系　定轴轮系中所有的齿轮都在同一平面或互相平行的平面内运动时，称为平面定轴轮系。在平面定轴轮系中，所有的齿轮都为圆柱齿轮，且各齿轮的几何轴线互相平行，如图5-54所示。

（2）空间定轴轮系　定轴轮系中并不是所有的齿轮均在同一个平面或互相平行的平面内运动时，称为空间定轴轮系。在空间定轴轮系中，至少存在一对锥齿轮或蜗杆蜗轮，如图5-55所示。

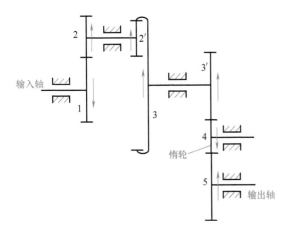

图5-54　平面定轴轮系

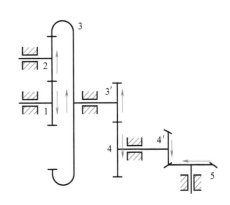

图5-55　空间定轴轮系

2. 周转轮系

轮系运转时，有一个或几个齿轮的几何轴线相对于机架的位置不固定，而是绕其他齿轮的固定轴线回转的轮系称为周转轮系。

图 5-56 所示为周转轮系。它由齿轮 1、2、3 以及杆 H 四个活动构件组成。齿轮 1、3 和杆 H 都绕轴线 O 转动。齿轮 2 与杆 H 组成转动副，当轮系运转时，它一方面绕自己的轴线 O_1 自转，同时又随杆 H 绕轴线 O 公转，其运动与太阳系中的行星相同，故称其为行星轮。支承行星轮的杆 H 称为系杆或转臂。轴线位置固定的齿轮 1 和 3 称为太阳轮。

根据自由度的不同，周转轮系可分为行星轮系和差动轮系。自由度为 1 的周转轮系称为行星轮系，自由度为 2 的周转轮系称为差动轮系。

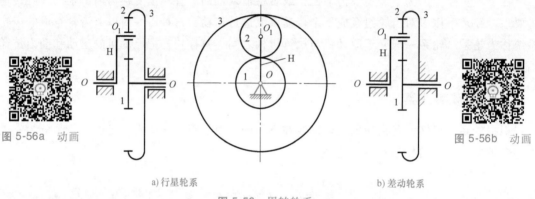

图 5-56a 动画   a)行星轮系   b)差动轮系   图 5-56b 动画

图 5-56 周转轮系

3. 混合轮系

由周转轮系和定轴轮系或者由两个以上的周转轮系组合而成的复杂轮系称为混合轮系。

在图 5-57a 所示的混合轮系中，其右半部分为周转轮系，左半部分为定轴轮系。图 5-57b 所示的混合轮系是由两个周转轮系组成的。

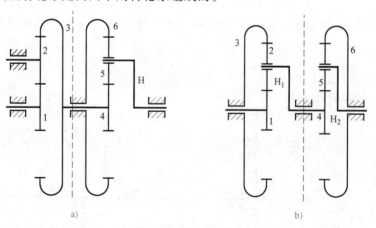

a)   b)

图 5-57 混合轮系

三、定轴轮系的传动比计算

传动比为速度之比，而速度为矢量，因此要确定一个轮系的传动比，包括计算传动比的大小和确定输入轴与输出轴转向之间的关系。

1. 传动比大小的计算

现以图 5-54 所示的定轴轮系为例，来说明定轴轮系传动比大小的计算方法。假设已知各齿轮的齿数 z_1、z_2、$z_{2'}$、z_3、$z_{3'}$、z_4、z_5，齿轮 1 为主动轮，齿轮 5 为执行从动轮，试计算该轮系的传动比 $i_{15} = \omega_1 / \omega_5$。

由图 5-54 可知，从齿轮 1 到齿轮 5 的传动，是通过若干对齿轮依次啮合来实现的。各对齿轮的传动比大小分别为

$$i_{12} = \frac{\omega_1}{\omega_2} = \frac{z_2}{z_1}, \quad i_{2'3} = \frac{\omega_{2'}}{\omega_3} = \frac{z_3}{z_{2'}}, \quad i_{3'4} = \frac{\omega_{3'}}{\omega_4} = \frac{z_4}{z_{3'}}, \quad i_{45} = \frac{\omega_4}{\omega_5} = \frac{z_5}{z_4}$$

将以上各式两边分别连乘后得

$$i_{12} i_{2'3} i_{3'4} i_{45} = \frac{\omega_1 \omega_{2'} \omega_{3'} \omega_4}{\omega_2 \omega_3 \omega_4 \omega_5} = \frac{z_2 z_3 z_4 z_5}{z_1 z_{2'} z_{3'} z_4}$$

因为 $\omega_{2'} = \omega_2$，$\omega_{3'} = \omega_3$，所以

$$i_{15} = \frac{\omega_1}{\omega_5} = \frac{z_2 z_3 z_4 z_5}{z_1 z_{2'} z_{3'} z_4}$$

上式表明，定轴轮系的传动比的数值等于组成该轮系的各对啮合齿轮传动比的连乘积，也等于各对齿轮中所有从动轮齿数的连乘积与所有主动轮齿数的连乘积之比，即

$$定轴轮系的传动比 = \frac{各对齿轮从动轮齿数的连乘积}{各对齿轮主动轮齿数的连乘积} \tag{5-31}$$

由图 5-54 可知，齿轮 4 同时与齿轮 3′ 和齿轮 5 相啮合，与齿轮 3′ 啮合时其为从动轮，与齿轮 5 啮合时其为主动轮。因此，齿数 z_4 同时出现在计算传动比公式的分子和分母中，可以约去，故齿数 z_4 不影响传动比的大小，但齿轮 4 却能改变其他齿轮的转动方向。这种不影响传动比大小，只改变转动方向的齿轮称为惰轮。

2. 输入轴、输出轴转动方向关系的确定

（1）正、负号法 当首、末两轮的轴线平行时，两轮的转向要么相同要么相反，这时可用 "+" "−" 号来表示两齿轮的转向关系，"+" 号表示输入轴与输出轴转向相同，"−" 号表示输入轴与输出轴转向相反。

如图 5-54 所示的平面定轴轮系，输入轴和输出轴转向相反，所以传动比为

$$i_{15} = -\frac{z_2 z_3 z_5}{z_1 z_{2'} z_{3'}}$$

如图 5-58 所示的空间定轴轮系，输入轴和输出轴转向相同，所以传动比为

$$i_{15} = \frac{\omega_1}{\omega_5} = +\frac{z_2 z_3 z_5}{z_1 z_2 z_4}$$

（2）画箭头的方法 当首、末两轮的轴线不平行时，两轮在两个不同的平面内转动，因此不能采用在传动比前加 "+" 或 "−" 号的方法来表示首、末轮的转向关系，其转向关系只能用画箭头的方法来确定。

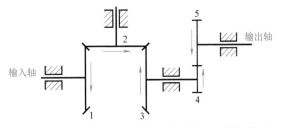

图 5-58 输入轴和输出轴转向相同的空间定轴轮系

箭头代表齿轮可见侧圆周速度方向，如图 5-59 所示。

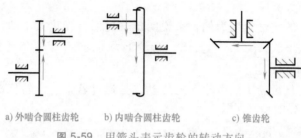

a) 外啮合圆柱齿轮　　　b) 内啮合圆柱齿轮　　　　c) 锥齿轮

图 5-59　用箭头表示齿轮的转动方向

图 5-54、图 5-55 和图 5-58 中均用箭头表示了轮系中各齿轮的转动方向之间的关系。

【课堂讨论】：在你的生活中，有应用轮系的产品吗？如果有，该轮系属于哪种类型？

本 章 小 结

- 机械传动主要分为摩擦传动和啮合传动。摩擦传动包括带传动、绳传动和摩擦轮传动；啮合传动包括齿轮传动、蜗杆传动、链传动和同步带传动。
- 在带传动机构中，按带的截面形状可分为平带、V 带、多楔带和圆带；按带的传动形式可分为开口传动、交叉传动和半交叉传动；按带的工作原理可分为摩擦型普通带传动和啮合型同步带传动。
- 带的张紧装置主要分为定期张紧装置和自动张紧装置两大类。定期张紧装置包括滑道式张紧装置、摆架式张紧装置和张紧轮装置。
- 在条件相同的情况下，V 带与带轮之间的摩擦力大于平带与带轮之间的摩擦力，所以 V 带的承载能力更强。在带传动机构中，弹性滑动和打滑是两个不同的现象，要注意区分两者的不同。
- 带传动的失效形式为过载打滑或带的疲劳拉断；带传动的设计原则是在保证不打滑的情况下，带具有一定的疲劳强度和寿命。
- 齿轮传动主要分为平面齿轮传动和空间齿轮传动。
- 渐开线的形成及其性质。齿轮各部分的名称。
- 渐开线标准直齿圆柱齿轮的五个基本参数为齿数 z、分度圆模数 m、分度圆压力角 α、齿顶高系数 h_a^* 和顶隙系数 c^*，这五个参数确定之后，齿轮的几何尺寸、渐开线曲线形状才是确定的。
- 渐开线标准直齿圆柱齿轮的正确啮合条件是两轮的模数和压力角分别相等；标准安装条件是两轮的齿侧间隙为零，齿顶间隙为标准值；标准安装的两齿轮，其分度圆和节圆重合，其中心距称为标准中心距。
- 齿轮传动的主要失效形式有轮齿折断、齿面点蚀、齿面磨损、齿面胶合和齿面塑性变形五种。
- 按工作原理分类，渐开线齿轮的加工主要分为仿形法和展成法。避免渐开线齿轮产生根切的措施：小齿轮的齿数 ≥17 或采用正变位加工齿轮。

● 蜗杆蜗轮的正确啮合条件：蜗杆的轴向模数 m_{x1} 等于蜗轮的端面模数 m_{t2}；蜗杆的轴向压力角 α_{x1} 等于蜗轮的端面压力角 α_{t2}；蜗杆的分度圆柱导程角 γ 与蜗轮的螺旋角 β_2 大小相等，两者的旋向相同。

● 轮系主要分为定轴轮系、周转轮系和混合轮系。定轴轮系的传动比计算包括传动比大小的计算和方向判断。

拓 展 阅 读

◆ 机械传动发展史

机械传动作为机械的组成部分，其诞生和发展与机械同步。在我国古代，指南车作为早期的机械，就装有类似齿轮传动装置，这些齿轮只用来传递运动，强度要求不高。研究表明，有记载的机械传动装置迄今已有 3000 年的历史。到 14 世纪，钟的发明推动了齿轮传动的发展，为开发钟的传动系统，人类开始研究金属齿轮传动以减小尺寸。18 世纪蒸汽机的发明和应用，大大增加了机械传动的需求，19 世纪末期电动机和内燃机的出现，推动了机械传动在铁路机车、船舶、制造厂和发电站等的广泛应用，同时对机械传动提出了更高的要求，小型化、长寿命、更可靠的机械传动成为人们追求的目标。从这一时期到 20 世纪初期，先后出现了摆线、渐开线齿形的齿轮传动，主要的传动类型有直齿轮、斜齿轮、锥齿轮和蜗杆传动。20 世纪 50 年代，基于大量实验研究，齿轮传动的表面接触强度、轮齿弯曲强度、考虑动载荷的传动设计方法初步形成，并在高速重载的汽轮发动机传动系统的设计中发挥了重要作用。20 世纪 60 年代，宇航技术的发展对机械传动提出体积小、承载能力大的更高要求，为确保宇航飞船的安全，对可靠性也提出了特殊要求。与此同时，人们开始对传动装置的材料性能进行研究。20 世纪 70 年代，空间啮合理论的研究成为机械传动的研究热点并取得了创造性成果，这些成果被用于曲线锥齿轮、环面蜗杆、点接触蜗杆以及圆弧齿轮等新型传动装置的开发，大大推动了机械传动学科的发展。这一时期，我国在空间啮合理论和新型传动的研究方面达到了世界先进水平。20 世纪 80 年代，各种少齿差行星传动、新型伺服传动和新型蜗杆传动相继出现。20 世纪 90 年代以来，齿轮传动、带（链）传动的动力学建模及振动噪声研究继续成为研究热点。21 世纪，信息技术、能源和环保技术、新材料技术、先进制造技术成为科学技术发展的重要领域，其最新研究成果和技术进步对机械传动科学技术的发展有重要的推动作用。

思考题与习题

5-1 在带传动中，带两边拉力之差称为带传动的_____拉力。

5-2 在计算最大有效拉力时，包角按_____计算。

5-3 在带传动中，由于存在_____，导致从动轮的圆周速度总是小于主动轮的圆周速度。

5-4 弹性滑动与打滑是两个不同的概念。其中_____是带传动的一种失效形式，可以避免，而_____是不可避免的。打滑总是先发生在____（大、小）带轮上。

5-5 渐开线齿轮机构的传动比等于_____。

5-6 分度圆就是齿轮中具有标准_____和标准_____的圆。

5-7 渐开线标准直齿轮具有两个特征：_____圆上的齿厚和齿槽宽相等，具有标准的_____和_____。

5-8 闭式软齿面齿轮传动的主要失效形式是_____，开式齿轮传动的主要失效形式是_____。

5-9 蜗杆传动中，一般情况下，其交错角等于_____。

5-10 蜗杆传动中，两者的旋向_____。

5-11 为什么 V 带比平带传递载荷的能力强？

5-12 图 5-60 所示为一平带传动。已知两带轮直径分别为 150mm 和 450mm，中心距为 900mm，小带轮为主动轮，其转速为 960r/min。试求：

1）小带轮的包角。

2）带的几何长度。

3）不考虑带传动的弹性滑动时大带轮的转速。

4）滑动率 $\varepsilon = 0.02$ 时大带轮的实际转速。

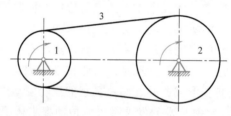

图 5-60 题 5-12 图

5-13 带传动中弹性滑动和打滑的区别是什么？

5-14 带的失效形式有哪些？

5-15 带传动中张紧装置的作用是什么？主要有哪些类型的张紧装置？

5-16 渐开线齿廓上的压力角是否相同？哪个圆上的压力角是标准值？

5-17 渐开线的形状取决于什么？如果两个齿轮的模数和齿数分别相等，但压力角不同，它们的渐开线齿廓形状是否相同？

5-18 渐开线齿轮的基本参数有哪些？为什么称它们是渐开线齿轮的基本参数？

5-19 渐开线标准直齿圆柱齿轮有哪些特征？

5-20 渐开线标准直齿圆柱齿轮的正确啮合条件是什么？

5-21 渐开线标准直齿圆柱齿轮的分度圆和节圆有何区别？在什么情况下，分度圆和节圆是重合的？

5-22 齿轮的主要失效形式有哪些？

5-23 齿轮根切的危害有哪些？如何避免发生根切？

5-24 在半径 $r_b = 30mm$ 的基圆生成的渐开线上，求半径 $r_K = 40mm$ 处的压力角 α_K。

5-25 已知一对标准安装的渐开线标准直齿圆柱齿轮传动，$\alpha = 20°$，$h_a^* = 1$，$c^* = 0.25$，传动比 $i_{12} = 2.5$，模数 $m = 2mm$，中心距 $a = 122.5mm$。试计算两齿轮的齿数、分度圆半径、基圆半径、齿顶圆半径、齿根圆半径、分度圆齿厚、分度圆齿槽宽、法向齿距和基圆齿距。

5-26 蜗杆传动的特点是什么？

5-27 蜗杆蜗轮的正确啮合条件是什么?

5-28 有一标准蜗杆蜗轮机构,已知蜗杆头数 $z_1 = 1$,蜗轮齿数 $z_2 = 40$,蜗杆轴向齿距 $p_x = 15.7\text{mm}$,蜗杆齿顶圆直径 $d_{a1} = 60\text{mm}$,试求其模数 m、蜗杆直径系数 q、蜗轮螺旋角 β_2、蜗轮分度圆直径 d_2 和中心距 a。

5-29 在定轴轮系中,惰轮起什么作用?

5-30 如图 5-61 所示,已知各齿轮的齿数分别为 $z_1 = z_3 = 15$,$z_2 = 30$,$z_4 = 25$,$z_5 = 20$,$z_6 = 40$,试求传动比 i_{16}。

5-31 图 5-62 所示为一手动提升机构,已知 $z_1 = z_3 = 18$,$z_2 = z_6 = 60$,$z_4 = 36$,试求传动比 i_{16},并指出提升重物时手柄的转动方向。

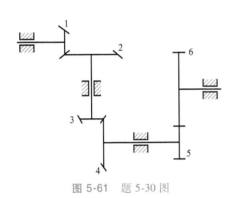

图 5-61 题 5-30 图

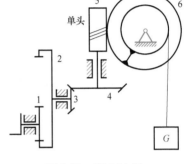

图 5-62 题 5-31 图

6

第六章

连 接

【内容提要】

本章对常见的连接进行介绍。首先介绍螺纹连接的主要参数、分类、失效形式，以及螺纹连接防松的措施；其次对几种典型的键连接进行介绍；最后对销连接、过盈连接、铆接、焊接和胶接进行简单的介绍。

【学习目标】

1. 了解螺纹的分类、主要参数和常用螺纹紧固件的类型；
2. 理解螺纹连接的失效形式和防松措施；
3. 了解键连接与销连接的类型、特点及应用；
4. 了解过盈连接、铆接、焊接和胶接的特点及应用。

机械制造中，连接是指被连接件与连接件的组合。被连接件一般包括轴和轴上的零件（齿轮、带轮）、轮圈和轮芯、箱体和箱盖等。连接件又称紧固件，如螺栓、螺母、键和销等。

连接分为可拆连接和不可拆连接。允许多次装拆而不影响使用性能的连接称为可拆连接，如螺纹连接、键连接和销连接。需要损坏组成零件才能拆开的连接称为不可拆连接，如焊接、胶接和铆接。

第一节 螺 纹 连 接

螺纹连接是利用螺纹零件构成的可拆连接。这种连接结构简单，拆装方便，应用范围广。

一、螺纹的形成

将一倾斜角为 Ψ 的直线缠绕在圆柱上便形成一条螺旋线，如图 6-1a 所示。取一个与轴线共面的平面图形（矩形、梯形等，如图 6-1b 所示），使它沿着螺旋线运动，即可得到圆柱螺纹。

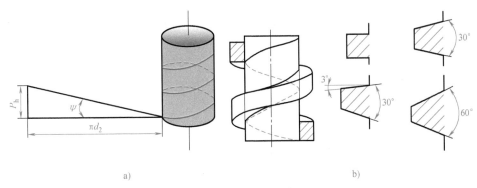

图 6-1 螺旋线的形成

二、螺纹的主要参数

以图 6-2 所示的圆柱普通螺纹为例说明螺纹的主要参数。

1. 大径 d (D)

它是与外螺纹牙顶（或内螺纹牙底）相切的假想圆柱的直径，为螺纹的最大直径，也是普通螺纹的公称直径，外螺纹用 d 表示，内螺纹用 D 表示。

2. 小径 d_1 (D_1)

它是与外螺纹牙底（或内螺纹牙顶）相切的假想圆柱的直径，为螺纹的最小直径。外螺纹用 d_1 表示，内螺纹用 D_1 表示。

3. 中径 d_2 (D_2)

在大径和小径之间，存在一个假想的圆柱，该圆柱的母线通过圆柱螺纹上牙厚与牙

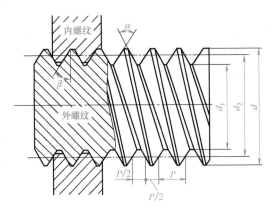

图 6-2 圆柱螺纹的主要几何参数

槽宽相等的地方，这个假想圆柱的直径称为中径。外螺纹用 d_2 表示，内螺纹用 D_2 表示。

4. 线数 n

形成螺纹的螺旋线数目称为线数。

5. 螺距 P

相邻两牙体上的对应牙侧与中径线相交两点间的轴向距离称为螺距。

6. 导程 P_h

同一条螺旋线上相邻两牙侧与中径线相交两点间的轴向距离称为导程。如果螺旋线数为 n，则有 $P_h = nP$。

7. 螺纹升角 ψ

在中径圆柱上，螺旋线的切线与垂直于螺纹轴线平面间的夹角称为螺纹升角。

$$\tan\psi = \frac{P_h}{\pi d_2} = \frac{nP}{\pi d_2}$$

8. 牙型角 α

在螺纹牙型上，两相邻牙侧间的夹角称为牙型角。

9. 牙侧角β

在螺纹牙型上，一个牙侧与垂直于螺纹轴线平面间的夹角称为牙侧角。

三、螺纹的分类

1. 按螺纹的位置分类

按螺纹的位置来分，螺纹可分为内螺纹和外螺纹。

2. 按螺纹牙型分类

螺纹按牙型形状可分为三角形、矩形、梯形和锯齿形螺纹，如图6-3所示。

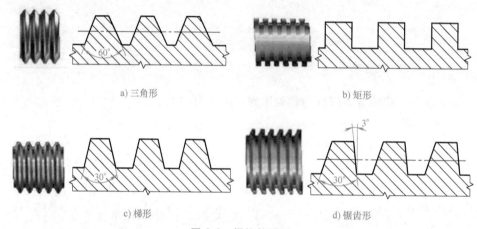

a) 三角形   b) 矩形

c) 梯形   d) 锯齿形

图 6-3 螺纹的牙型

（1）普通螺纹 牙型如图6-3a所示，该螺纹的当量摩擦角大，自锁性好，主要用于连接。普通螺纹又分为粗牙和细牙，一般多用粗牙螺纹。公称直径相同时，细牙螺纹的螺距较小，牙细，内径和中径较大，螺纹升角较小，自锁性较好，但磨损后易滑扣。细牙螺纹常用于薄壁和细小零件上，或承受变载、冲击、振动的连接及微调装置中。

（2）矩形螺纹 牙型如图6-3b所示，该螺纹的当量摩擦角小，效率高，用于传动，但制造困难，螺母和螺杆同心度差，牙根强度弱，常被梯形螺纹代替。

（3）梯形螺纹 牙型如图6-3c所示，与矩形螺纹相比，梯形螺纹效率略低，但牙根强度较高，易于制造。内外螺纹是以锥面配合，对中性好，主要用于传动。

（4）锯齿形螺纹 牙型如图6-3d所示，该螺纹传动效率高，牙根强度较高，能承受较大的载荷，但只能单向传动。

除矩形螺纹外，其他螺纹参数已经标准化。

3. 按螺纹的功用分类

螺纹按功用可分为连接螺纹和传动螺纹。普通螺纹主要用于连接；梯形、锯齿形和矩形螺纹主要用于传动。

4. 按螺纹的旋向分类

螺纹按旋向可分为右旋螺纹和左旋螺纹。将螺纹轴线竖直放置，螺旋线自左向右逐渐升高的是右旋螺纹，反之是左旋螺纹，如图6-4所示。对于右旋螺纹，顺时针方向为其旋入方向；对于左旋螺纹，逆时针方向为其旋入方向。一般情况下，多用右旋螺纹。

5. 按螺纹线数分类

螺纹按线数可分为单线螺纹和多线螺纹。沿一条螺旋线所形成的螺纹称为单线螺纹；沿两条或两条以上，且在轴向等距离分布的螺旋线所形成的螺纹称为多线螺纹。其中单线螺纹自锁性好，常用于螺纹连接；多线螺纹传动效率高，多用于螺纹传动，一般线数不超过4线。

四、螺纹的画法

图 6-4　螺纹的旋向

1. 外螺纹的画法

外螺纹的大径用粗实线表示，小径用细实线表示。螺纹小径按大径的85%绘制。在不反映圆的视图中，小径的细实线应画入倒角内，螺纹终止线用粗实线表示，如图 6-5a 所示。当需要表示螺纹收尾时，螺纹尾部的小径用与轴线成30°的细实线绘制，如图 6-5a 所示。在反映圆的视图中，表示小径的细实线圆只画 3/4 圈（空出约 1/4 圈的位置不做规定），螺杆端面上的倒角圆省略不画。剖视图中的螺纹终止线和剖面线画法如图 6-5b 所示。

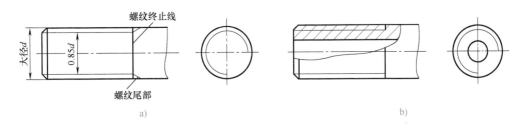

a)   b)

图 6-5　外螺纹的画法

2. 内螺纹的画法

内螺纹通常采用剖视图表达。在不反映圆的视图中，大径用细实线表示，小径和螺纹终止线用粗实线表示，且小径按大径的85%画出。需要注意的是，剖面线应画到表示小径的粗实线为止。若是不通孔，应将钻孔深度和螺纹深度分别画出，孔底由钻头钻成的锥面画120°，如图 6-6a 所示。在反映圆的视图中，大径用约 3/4 圈的细实线圆弧绘制，孔口倒角圆不画。当螺纹的投影不可见时，所有图线均画成细虚线，如图 6-6b 所示。

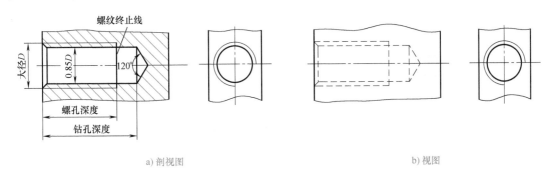

a) 剖视图   b) 视图

图 6-6　内螺纹的画法

3. 螺纹连接的画法

螺纹连接通常采用剖视图表达。内、外螺纹旋合部分按外螺纹画出，未旋合部分按各自的规定画法画出，如图 6-7 所示。需要注意的是，表示内、外螺纹大径的细实线和粗实线，以及表示内、外螺纹小径的粗实线和细实线必须分别对齐。内、外螺纹的剖面线均应画到粗实线为止。

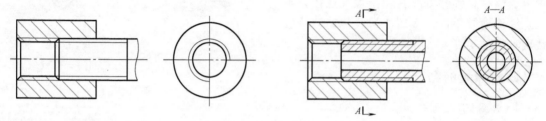

图 6-7　螺纹连接的画法

五、常用螺纹紧固件

螺纹紧固件种类很多，大都已标准化。常用的螺纹紧固件有螺栓、双头螺柱、螺钉、螺母和垫圈等。常用螺纹紧固件及其标注方法见表 6-1 。

表 6-1　常用螺纹紧固件及其标注方法

名称	实物图	图例	标注示例
六角头螺栓		M16　50	螺栓　GB/T 5782　M16×50
开槽沉头螺钉		M16　55	螺钉　GB/T 68　M16×55
双头螺柱		M16　18　50	螺柱　GB/T 899　M16×50
六角螺母		M20	螺母　GB/T 6170　M20
垫圈		M16	垫圈　GB/T 97.1　16

1. 螺栓

螺栓是应用最广的螺纹紧固件，它是一端有头，另一端有螺纹的柱形零件。螺栓头部形状很多，其中以六角头螺栓应用最广。螺栓的螺杆部分可以制成全螺纹或部分螺纹，螺纹可用粗牙或细牙。

2. 双头螺柱

双头螺柱两头都有螺纹，两头的螺纹可以相同也可以不同。

3. 螺钉

螺钉结构与螺栓大体相同，但头部形状较多，如半圆头、平圆头、六角头、圆柱头和沉头等，以适应扳手或螺钉旋具的形状。螺钉可分为连接螺钉和紧定螺钉两种。

4. 螺母

六角螺母应用最广。根据螺母厚度不同，其可分为标准螺母和薄螺母。薄螺母常用于受剪力的螺栓上或空间尺寸受限制的场合。

5. 垫圈

垫圈常放置在螺母和被连接件之间，用于增大螺母与被连接件间的接触面积，以减少接触处的挤压强度，并可避免拧紧螺母时擦伤被连接件的表面。

六、螺纹连接的基本类型及其简化画法

1. 螺纹连接的基本类型

（1）螺栓连接　螺栓连接用于两被连接件厚度均不大，有通孔，且两面具有一定扳拧空间位置的场合，一般与螺母配套使用。螺栓连接的结构特点是被连接件的孔为光孔，不需要切制内螺纹，如图 6-8 所示。螺栓连接又分为普通螺栓连接和铰制孔用螺栓连接。

1）普通螺栓连接。在普通螺栓连接中，螺栓与孔之间有间隙，如图 6-8a 所示。这种连接的优点是加工简便，对孔的尺寸精度和表面粗糙度没有太高要求，一般用钻头粗加工即可。而且结构简单，拆装方便，可经常拆装，应用范围最广。

2）铰制孔用螺栓连接。在铰制孔用螺栓连接中，螺栓杆外径与螺栓孔的内径具有相同的公称尺寸，螺栓杆和通孔采用过渡配合，如图 6-8b 所示。这种连接可对被连接件进行准确定位，主要用于承受垂直于螺栓轴线的横向载荷。在该连接中，被连接件的孔需要进行精加工。

（2）双头螺柱连接　双头螺柱两端均有螺纹，用于一个被连接件较厚，且连接需要经常拆卸的场合，一般也需要与螺母配套使用，如图 6-9 所示。双头螺柱一端的螺纹需全部拧

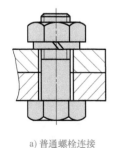
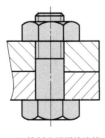

a) 普通螺栓连接　　b) 铰制孔用螺栓连接

图 6-8　螺栓连接

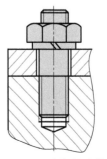

图 6-9　双头螺柱连接

紧在较厚的被连接件的螺纹孔中，不再拆下。维修时仅需将螺母拧下，螺柱不动，因此可避免多次拆卸而破坏被连接件的螺纹。

（3）螺钉连接　螺钉连接用于一个被连接件较厚，且连接不需要经常拆卸的场合。螺钉直接拧紧在较厚的被连接件的螺纹孔中，不需要螺母，如图6-10a所示。

紧定螺钉连接是利用螺钉末端顶住另一个零件的表面或凹坑，以固定两零件的相对位置，并可传递不大的力和力矩，如图6-10b所示。

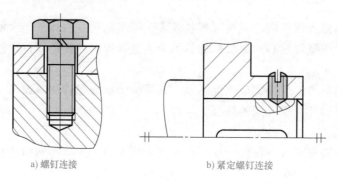

a) 螺钉连接　　　　　　b) 紧定螺钉连接

图 6-10　螺钉连接

2. 螺纹连接的简化画法

根据国家标准规定，在装配图中，螺纹连接可采用以下简化画法：

1）螺纹连接的工艺结构，如倒角、退刀槽、缩颈和凸肩等均可省略不画。如图6-11所示，螺母、螺栓头部、螺栓杆尾部、双头螺柱尾部和螺钉尾部的倒角均省略未画。

2）不穿通的螺纹孔可不画钻孔深度，仅按其有效螺纹的深度画出即可，如图6-11b～d所示。

3）当剖切平面通过螺栓、螺母和垫圈等标准件时，这些零件按不剖绘制，如图6-11所示。

4）螺钉连接中，螺钉与被连接件的上顶面允许平齐，如图6-11c、d所示。

5）内六角圆柱头螺钉的内六角部分在主视图上的虚线投影可以省略不画，如图6-11d所示。

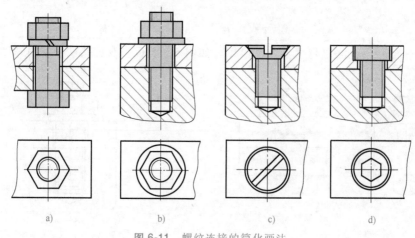

a)　　　　　　b)　　　　　　c)　　　　　　d)

图 6-11　螺纹连接的简化画法

七、螺纹连接的失效形式

普通螺栓连接的主要失效形式是螺栓杆被拉断以及螺纹牙的压溃和剪断；对于铰制孔用螺栓连接，在横向力的作用下，其主要失效形式是螺栓杆和孔壁的贴合面发生压溃或螺栓杆被剪断。经常装拆时，螺纹连接还会因磨损而发生滑扣现象。

八、螺纹连接的防松

连接用的普通螺纹都具有自锁性，在静载荷和工作温度变化不大时，理论上不会自动松动。但是实际工作时，会受到冲击、振动和变载荷的作用，引起螺纹紧固件松动，甚至螺母松脱，导致连接失效。因此，必须采取有效的防松措施。

螺纹连接防松的根本问题是防止螺纹副在工作期间发生自动相对转动。现代防松措施主要有以下三种方法：摩擦防松、机械防松和破坏螺纹副关系防松。

1. 摩擦防松

摩擦防松的原理是使螺纹副中始终保持压力，从而始终存在摩擦力矩以防止螺纹副的相对转动。该方法结构简单，使用方便。常见的摩擦防松有以下四种：

（1）弹簧垫圈防松　弹簧垫圈的材料为弹簧钢，拧紧螺母后，弹簧垫圈被压平，其反弹力能使螺纹副间保持压紧力和摩擦力；同时垫圈斜口的尖端抵住螺母与被连接件的支承面，也起到一定的防松作用，如图 6-12a 所示。

弹簧垫圈防松的特点是成本低廉、安装方便，但由于垫圈的弹力不均匀，在冲击、振动的工作场合，其防松效果较差，故一般用于不太重要的连接。

（2）对顶螺母防松　两螺母对顶拧紧后，旋合段螺栓受拉力，螺母受压力，螺纹副间始终受拉力和摩擦力作用，如图 6-12b 所示。

对顶螺母防松的特点是结构简单，适用于平稳、低速和重载的固定装置上的连接。

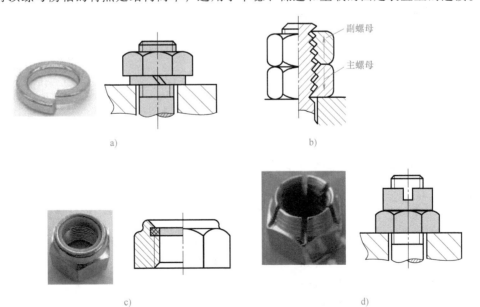

图 6-12　摩擦防松

（3）尼龙圈锁紧螺母防松　此螺母的锁紧部分是嵌在螺母体上、没有内螺纹的尼龙圈。尼龙圈在螺栓拧入时挤压形成内螺纹，螺纹副间产生很大的摩擦力，从而阻止了紧固件的松动，如图 6-12c 所示。

这种防松方式可靠，其缺点是重复使用性差，反复拧入拧出时，尼龙圈易破坏。

（4）自锁螺母防松　自锁螺母一端制成非圆形收口或开缝后径向收口。当螺母拧紧后，收口胀开，利用收口的弹性使旋合螺纹间压紧。

这种锁紧方式结构简单，防松可靠，可以多次装拆而不降低防松性能。

2. 机械防松

机械防松是利用便于更换的止动元件锁住螺纹副以防止其相对转动，其特点是工作可靠，应用广泛。常见的机械防松有以下几种：

（1）槽形螺母和开口销　槽形螺母拧紧后，用开口销穿过螺栓尾部小孔和螺母的槽，并将开口销尾瓣开与螺母侧面贴紧，防止其相对转动，如图 6-13a 所示。

这种防松方式适用于有较大冲击、振动的高速机械中运动部件的连接。

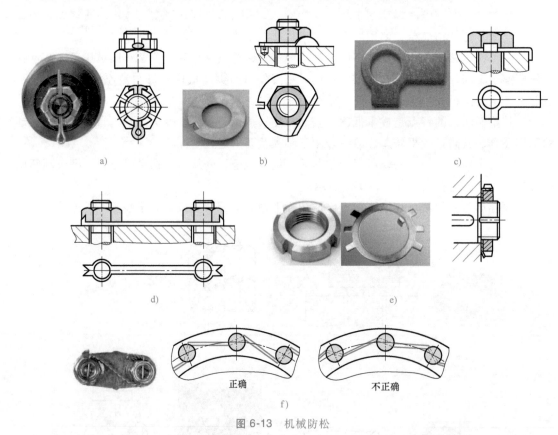

图 6-13　机械防松

（2）止动垫圈　螺母拧紧后，将单耳或双耳止动垫圈分别向螺母和被连接件的侧面折弯贴紧，即可将螺母锁住，如图 6-13b、c 所示。若两个螺栓需要双联锁紧时，可采用双联止动垫圈，使两个螺母相互制动，如图 6-13d 所示。

这种防松方式的特点是结构简单，使用方便，防松可靠。

（3）圆螺母和止动垫圈　把止动垫圈嵌入螺栓（或轴）的槽内，拧紧螺母后，将止动垫圈的一个外翅折起嵌入螺母的一个槽内，防止螺母转动，如图 6-13e 所示。

（4）串联金属丝　利用金属丝穿入一组螺钉头部的小孔并拉紧，当螺钉有松动趋势时，金属丝被拉得更紧，从而防止螺钉转动，如图 6-13f 所示。采用这种防松措施时，一定要注意金属丝的缠绕方向。

3. 破坏螺纹副关系防松

该方法是在螺纹拧紧后，通过点冲、点焊破坏螺纹，或在旋合段涂金属黏结剂，达到防松的目的。这种方法操作方便、可靠，但拆开连接时需要破坏螺纹，多用于很少拆开或不拆开的场合。

（1）冲点　螺母拧紧后，在内、外螺纹的旋合缝隙处用冲头冲几个点，使其发生塑性变形，从而防止螺母松动，如图 6-14a 所示。

（2）点焊　螺母拧紧后，将螺母和螺栓的螺纹部分焊死，以防止螺母松动，如图 6-14b 所示。该方法防松可靠，但拆卸后连接不能重复使用，故适用于不需要拆卸的特殊连接。

（3）黏接　在旋合的螺纹间涂上黏结剂，使螺纹副紧密黏接在一起，如图 6-14c 所示。该方法防松可靠，且有密封作用。

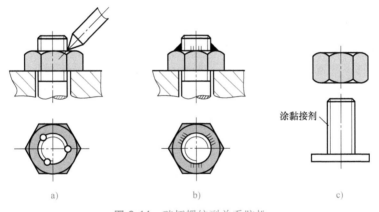

图 6-14　破坏螺纹副关系防松

【课堂讨论】：观察身边有哪些螺纹连接？它们属于哪种类型的螺纹连接？

第二节　键　连　接

键为标准件。键连接主要用来实现轴和轴上零件之间的周向固定以传递转矩。有些键还可以实现轴上零件的轴向固定或轴向移动。键连接为可拆连接，主要包括平键连接、半圆键连接、楔键连接、切向键连接和花键连接。

一、平键连接

平键的两侧面是工作面，上表面与轮毂槽底之间留有间隙，工作时，靠键与键槽侧面的挤压传递转矩，如图 6-15a 所示。平键连接结构简单，定心性较好，装拆方便，价格低廉，应用广泛，但不能承受轴向力。

按用途来分，平键分为普通平键、导向平键和滑键三种。

1. 普通平键连接

普通平键用于静连接，即轴与轮毂间无相对轴向移动。根据键端部形状不同，普通平键分为圆头（A 型）、平头（B 型）和单圆头（C 型）三种，如图 6-15b~d 所示，其中圆头平键应用最广。

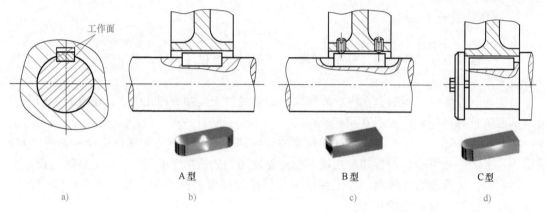

A 型　　　　B 型　　　　C 型

a)　　　　b)　　　　c)　　　　d)

图 6-15　普通平键连接

圆头普通平键和单圆头普通平键的轴上键槽用指形齿轮铣刀加工，如图 6-16a 所示，键在槽中的轴向固定良好，但轴上键槽端部的应力集中较大；单圆头普通平键常用于轴头处。平头普通平键的轴上键槽用盘状铣刀加工，如图 6-16b 所示，轴的应力集中较小，但键在轴上的轴向定位不好，为防止键沿轴向移动，常用螺钉将键紧固在键槽中，如图 6-15c 所示。

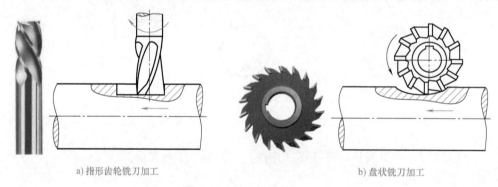

a) 指形齿轮铣刀加工　　　　b) 盘状铣刀加工

图 6-16　轴上键槽的加工

单键连接强度不够时，可采用双键连接，双键需要在轴的圆周间隔 180°布置。

2. 导向平键连接

当被连接的毂类零件在工作过程中必须在轴上移动（如变速箱中的滑移齿轮）时，则必须采用导向平键连接或滑键连接，故导向平键用于动连接。导向平键较长，需用螺钉固定在轴槽内，为了便于装拆，需在键上制造起键螺纹孔，如图 6-17 所示。导向平键与轴上的键槽为间隙配合，适用于轴上的零件沿轴向移动距离不大的场合。当零件滑移的距离较大时，因所需导向平键的长度过大、制造困难，不宜采用导向平键连接，宜采用滑键连接。

3. 滑键连接

滑键连接为动连接，滑键固定在轮毂上，随轮毂一起沿轴上键槽移动，适用于轮毂沿轴向移动距离较大的场合，如图 6-18 所示。

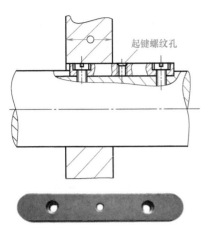

起键螺纹孔

图 6-17　导向平键连接

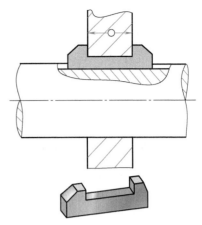

图 6-18　滑键连接

4. 平键连接的主要失效形式

普通平键连接为静连接，其主要失效形式为工作面的压溃；导向平键连接和滑键连接为动连接，其主要失效形式为工作面的磨损。

二、半圆键连接

半圆键连接与平键连接相似，也是以两侧面为工作面，定心性较好，如图 6-19a 所示。由于轴槽是圆弧形，因而半圆键可以在轴槽中摆动以适应轮毂中键槽底面的斜度，装配方便。

与平键连接相比，其缺点是轴槽较深，对轴的削弱较大，多用于传递转矩不大的静连接，尤其适用于锥形轴端与轮毂的连接，如图 6-19b 所示。

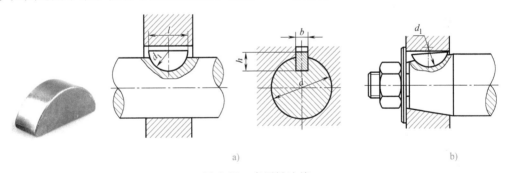

a)　　　　　　　　　　　　　　　b)

图 6-19　半圆键连接

需要注意的是，由于半圆键连接中轴槽较深，故采用双键连接时，不能相隔 180° 布置，双键应位于轴的同一条母线上，如图 6-20 所示。

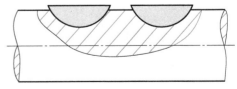

图 6-20　两个半圆键连接

三、楔键连接

楔键连接的结构特点是键的上表面与轮毂键槽底面均具有 1∶100 的斜度，楔键的上、下表面为工作面，两侧面有间隙，如图 6-21 所示。

把楔键打入轴和轮毂键槽内时，其工作面上产生很大的预紧力。工作时，主要靠工作面的摩擦力传递转矩。可承受单方向的轴向力，实现轮毂单向轴向固定。装配时易导致轴和轮毂的配合产生偏心，只能用于定心精度要求不高、载荷平稳和低速的连接。

楔键分为普通楔键和钩头楔键两种。普通楔键又分为圆头（A型）、平头（B型）和单圆头（C型）三种，如图6-22a~c所示。钩头楔键便于拆装，应用较广，如图6-22d所示。

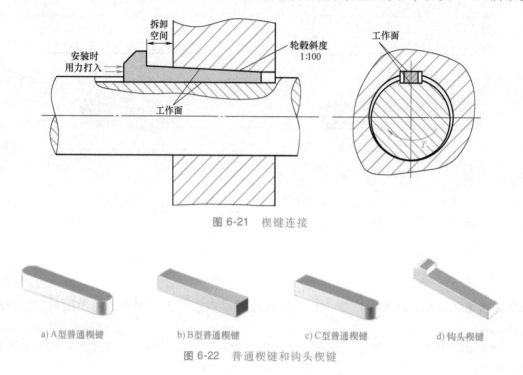

图 6-21　楔键连接

a)A型普通楔键　　b)B型普通楔键　　c)C型普通楔键　　d)钩头楔键

图 6-22　普通楔键和钩头楔键

四、切向键连接

切向键由两个具有1∶100斜度的楔键组成，如图6-23a所示。装配时由轮毂两侧打入，两斜面相互贴合，共同楔紧在轴毂之间。键的上、下表面为工作面。装配时，一个工作面处于含轴线的平面内，依靠工作面的挤压力传递转矩，一组键（图6-23b）只能传递单向转矩，若要传递双向转矩，则需要相隔120°布置两组键，如图6-23c所示。

切向键承载能力较高，可传递大转矩。由于键槽对轴削弱较大，多用于轴径大于100mm的重型轴。

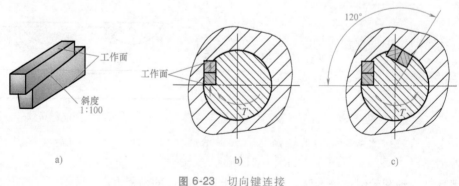

a)　　　　　　　　b)　　　　　　　　c)

图 6-23　切向键连接

五、花键连接

花键连接由内花键和外花键组成，如图 6-24 所示。外花键是具有多个沿周向均匀布置的纵向凸齿的轴，内花键是具有多个沿周向均匀布置的纵向凹槽的毂孔。花键的侧面为工作面，依靠内花键和外花键的侧面相互挤压来传递转矩。花键可用于静连接，也可用于动连接，即外花键和内花键可以相对沿轴向移动，如图 6-25 所示。由于可将花键连接视为由多个平键组成的连接，所以花键连接比平键连接具有承载能力高、定心性好和导向性能好等优点，而且由于键槽较浅，齿根处应力集中小，对轴和毂的强度削弱小。花键连接适用于定心精度要求高、载荷大或经常滑移的连接。花键的制造需专用的设备和工具，故制造成本较高。

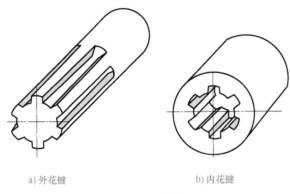

a) 外花键　　　　　　　b) 内花键

图 6-24　花键

图 6-25　花键连接

花键已经标准化，按其剖面齿形的不同，可分为矩形花键和渐开线花键两种。

1. 矩形花键

矩形花键连接如图 6-26 所示。矩形花键的键齿侧面为平面，靠小径定心，即轴和毂的小径需经磨削形成配合面，因此定心精度高。矩形花键制作简单，应用广泛。

2. 渐开线花键

渐开线花键连接如图 6-27 所示。渐开线花键的齿廓为渐开线，它靠齿廓定心，各齿受力均匀。与矩形花键相比，渐开线花键齿根较厚，应力集中小，强度高，承载能力大，定心精度高，适用于载荷和尺寸较大的连接。

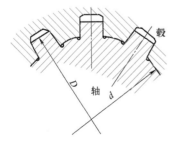

图 6-26　矩形花键连接

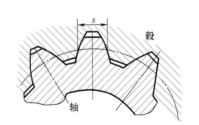

图 6-27　渐开线花键连接

【课堂讨论】：哪些键可用于动连接？你身边有应用键的实例吗？

<h1 style="text-align:center">第三节　销　连　接</h1>

1. 按销连接的用途分类

（1）定位销　用来固定零件之间相对位置的销称为定位销，如图 6-28 所示。定位销是组合加工和装配时的重要辅助零件，一般不承受载荷或承受很小的载荷，其直径按结构确定，数目不少于 2 个。

（2）连接销　在轴毂间或其他零件间用于连接且能传递不大载荷的销称为连接销，如图 6-29 所示。由于销对轴的强度削弱较大，故一般多用于轻载或不重要的连接。

（3）安全销　销也可以作为安全装置中的过载剪切元件，这类销称为安全销，如图 6-30 所示。

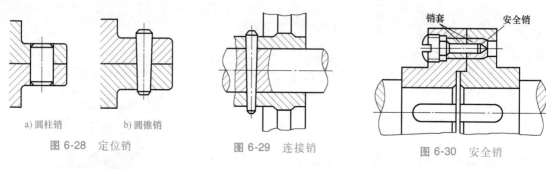

a) 圆柱销　　b) 圆锥销

图 6-28　定位销　　　　图 6-29　连接销　　　　图 6-30　安全销

2. 按销的形状分类

（1）圆柱销　圆柱销如图 6-31a 所示，其连接如图 6-28a 所示，靠微量过盈配合固定在铰制销孔中，经多次装拆会降级定位精度和可靠性。

（2）圆锥销　圆锥销如图 6-31b 所示，具有 1∶50 的锥度，其安装比圆柱销方便，在受横向力时能自锁。其连接如图 6-28b 所示，靠锥挤作用固定在铰制锥形孔中，故定位精度比圆柱销高，且多次装拆对定位精度的影响也较小。因此，圆锥销比圆柱销应用更广泛。

还有一些特殊形式的圆锥销，图 6-32 所示为开尾圆锥销，装配时将尾部分开，以防脱出，因此具有很好的防松效果，适用于具有冲击、振动或变载荷情况下的连接；图 6-33 所示为螺纹圆锥销，其特点是端部具有螺纹，适用于不通孔或者拆卸困难的场合。

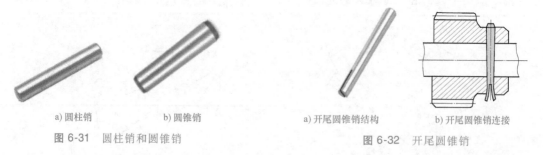

a) 圆柱销　　　　b) 圆锥销　　　　a) 开尾圆锥销结构　　b) 开尾圆锥销连接

图 6-31　圆柱销和圆锥销　　　　图 6-32　开尾圆锥销

（3）槽销　槽销如图 6-34 所示，其用弹簧钢滚压或模锻而成，销上有三条压制的纵向沟槽。将槽销打入销孔后，由于材料的弹性变形，销挤压在销孔中，不易松脱，可承受振动和变载荷。安装槽销的孔不需要铰制，加工方便，可多次拆装。图 6-35 所示为槽销放大的

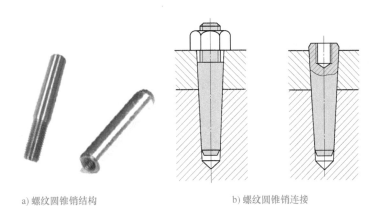

a) 螺纹圆锥销结构　　　　　　　　　　　b) 螺纹圆锥销连接

图 6-33　螺纹圆锥销

装配前和装配后的俯视图。

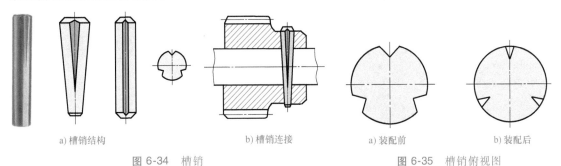

a) 槽销结构　　　　　　b) 槽销连接　　　　　a) 装配前　　　　b) 装配后

图 6-34　槽销　　　　　　　　　　　　　图 6-35　槽销俯视图

（4）弹性圆柱销　弹性圆柱销是由弹簧钢制成的纵向开缝的圆管，如图 6-36 所示。弹性圆柱销借弹性均匀地挤紧在销孔中，销孔不需要铰制。其特点是重量轻，可多次装拆，但因其刚性较差，故不适于高精度定位。

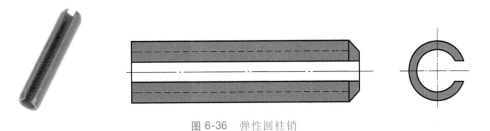

图 6-36　弹性圆柱销

【课堂讨论】：为什么有的圆锥销尾部带有螺纹？其作用是什么？

第四节　过盈连接

　　过盈连接是利用两个被连接件本身的过盈配合来实现连接的，其中一个为包容件，另一个为被包容件，如图 6-37 所示。过盈连接的配合面通常为圆柱面。装配前，包容件的孔径小于被包容件的轴径。装配后，孔径被撑开变大，轴径被挤压变小，在包容件和被包容件的结合面上产生很大的结合压力，工作时靠结合压力产生的摩擦力传递载荷。载荷可以是轴向力、转矩或两者的组合。

过盈连接常采用压入法或胀缩法装配。压入法是在常温下用压力机将被包容件压入包容件之中，压入过程中，结合面间微观不平度的波峰被压平，装配后实际过盈量减小，连接紧固性降低，故适用于较小过盈量的装配。胀缩法是利用温差或油压扩孔方式，使包容件膨胀、被包容件收缩，装配后在常温下形成牢固连接，因此可减轻或避免结合面间微观不平度的波峰被压平，连接紧固性好，常用于连接质量要求较高的场合。

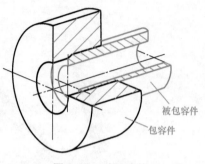

图 6-37　过盈连接

过盈连接的优点是结构简单、对中性好、承载能力高，无须附加其他零件即可实现轴毂间的轴向、周向固定，在变载荷或冲击载荷下能可靠地工作。其主要缺点是装配困难，对配合尺寸的精度要求较高。过盈连接常用于车轮轮箍与轮芯的连接，大型蜗轮、齿轮的齿圈与轮芯的连接，以及轴毂连接。

【课堂讨论】：在过盈连接中，包容件和被包容件表面各产生什么应力？

第五节　铆接、焊接和胶接

一、铆接

利用铆钉把两个以上的被铆件（一般为板材或型材）连接在一起的不可拆连接，称为铆钉连接，简称铆接。

1. 铆接的种类

根据被铆件是否可以相对运动，铆接可以分为活动铆接和固定铆接。被铆件可以相对转动的铆接为活动铆接，如剪刀和钳子。被铆件不能相互活动的铆接为固定铆接。

根据铆接的性能不同，固定铆接又可分为强固铆接、强密铆接和紧密铆接。

（1）强固铆接　以强度为基本要求的铆接称为强固铆接，应用于结构需要有足够强度、承受强大作用力的地方，如飞机蒙皮与框架、起重设备的机架、建筑物的桁架等结构用的铆接。

（2）强密铆接　不但要求具有足够的强度，而且在较大压力下，液体或气体也可以保持不渗漏的铆接称为强密铆接，如蒸汽锅炉、压缩空气贮存器等承受高压器皿的铆接。

（3）紧密铆接　只能承受很小的均匀压力，但对接缝处的密封性要求比较高，以防止渗漏的铆接称为紧密铆接，多用于一般的流体贮存器和低压管道上，如散热器和油罐中的铆接。

铆钉和被铆件铆合部分一起构成铆缝。根据被铆件的相接位置，铆缝可分为搭接、单盖板对接和双盖板对接，如图 6-38 所示。

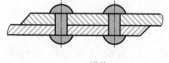

a) 搭接

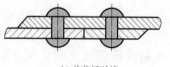

b) 单盖板对接

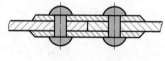

c) 双盖板对接

图 6-38　铆接连接形式

2. 铆钉的主要类型

铆钉多已标准化，一般按顶头形状可分为半圆头、小半圆头、平锥头、平头、扁平头、沉头和半沉头铆钉等，图6-39所示为机械中常用铆钉在铆接后的形式。

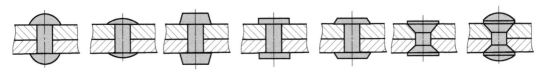

图6-39 机械中常用铆钉在铆接后的形式

铆钉又可分实心铆钉和空心铆钉两种。实心铆钉用于受力较大的金属零件的连接，空心铆钉用于受力较小的薄板或非金属零件的连接。在钢实心铆钉中，半圆头铆钉应用最广，要求连接表面平滑时用沉头铆钉，要求耐腐蚀时用平锥头铆钉。在铝合金铆钉中，平头铆钉和沉头铆钉用得较多，后者尤其多用于航空、航天器结构。

3. 铆接过程

半圆头铆钉的铆接步骤如下：

1）将铆钉插入配钻好的钉孔后，将顶模夹紧或置于垂直而稳固的状态，使铆钉半圆头与顶模凹圆接触，用压紧冲头把被铆件压紧，如图6-40a所示。

2）用锤子垂直锤打铆钉伸出部分使其镦粗，如图6-40b所示。

3）用锤子斜着均匀锤打周边，初步形成铆钉头，如图6-40c所示。

4）用罩模铆打，并不时地转动罩模，垂直锤打，最终形成半圆头，如图6-40d所示。

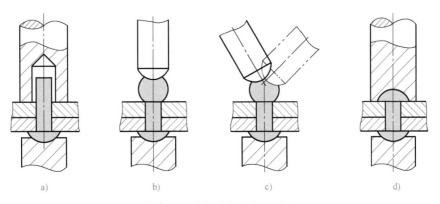

a)   b)   c)   d)

图6-40 半圆头铆钉铆接过程

4. 铆接的失效形式

铆接的主要失效形式如下：①被铆件沿钉孔拉断，如图6-41a所示；②被铆件孔壁被压溃，如图6-41b所示；③铆钉被剪断，如图6-41c所示；④被铆件的边撕裂，如图6-41d所示。

5. 铆接的特点

铆接的特点是工艺设备简单，连接可靠、抗振和耐冲击。但结构一般较为笨重，被铆件上由于制有钉孔，其强度受到较大的削弱，而且铆接时噪声比较大，影响工人健康。因此，目前除了桥梁、建筑、造船、重型机械以及飞机制造等工业部门仍经常采用铆接外，铆接在其他场合的应用已经逐渐减少，并被焊接和胶接所替代。

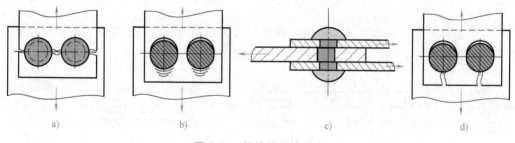

图 6-41　铆接的失效形式

二、焊接

借助加热（有时还要加压）使两个以上的金属件在连接处形成原子或分子间的结合而构成的不可拆连接，称为焊连接，简称焊接。

1. 焊接的种类

根据实现金属原子或分子间结合的方式不同，焊接可分为熔化焊、压焊和钎焊。

（1）熔化焊　熔化焊是将焊件加热使之局部熔化形成熔池，熔池冷却凝固后便结合，必要时可加入熔填物辅助，适合各种金属和合金的焊接加工，不需要压力。

熔化焊包括电弧焊、气焊和电渣焊等。电弧焊操作灵活，适用范围广，连接强度较高，是目前最重要、用得最多的一种焊接方法。

（2）压焊　压焊是对焊件施加压力（或同时加热），使结合面紧密地接触产生一定的塑性变形而完成焊接的方法。压焊不需要填充材料。常用的压焊有电阻焊和摩擦焊。

（3）钎焊　钎焊是采用比焊件熔点低的金属材料作为钎料，将焊件和钎料加热到高于钎料熔点、低于焊件熔点的温度，利用液态钎料润湿工件，填充接口间隙并与焊件实现原子间的相互扩散，从而实现焊接的方法。钎焊适合于各种材料的焊接加工，也适合于不同金属或异类材料的焊接加工。

本书只概略介绍有关电弧焊的基本知识。

2. 电弧焊缝的类型

焊件经焊接后形成的结合部分称为焊缝。根据被焊件在空间的相对位置，电弧焊缝基本上分为对接焊缝、搭接焊缝和正交焊缝（T形或L形）三种形式，如图6-42所示。

a) 对接焊缝　　　　　b) 搭接焊缝　　　　　c) 正交焊缝

图 6-42　焊接连接形式

对接焊缝适用于连接位于同一平面内的被焊件。由于能构成被焊件的平缓结合，对接焊缝是最合理和最重要的焊缝。当被焊件较厚时，为了保证焊透，在焊接处要预制出坡口。如果焊接处较薄而不便预制坡口时，要从正反两面进行焊接（双面焊或补焊）。

搭接焊缝和正交焊缝适用于连接不同平面内的被焊件。

3. 焊缝的符号及其标注

国家标准 GB/T 324—2008《焊缝符号表示法》中，对焊缝符号进行了规定。焊缝符号一般由基本符号和指引线组成，表示了焊缝的基本信息，为必须标注的内容。

（1）基本符号　基本符号表示焊缝横截面的基本形式或特征，常用焊缝的基本符号及其标注见表 6-2。

表 6-2　常用焊缝的基本符号及其标注

名称	焊缝形式	基本符号	标注示例
I 形焊缝		‖	
V 形焊缝		∨	
单边 V 形焊缝		Ⅴ	
角焊缝		△	
带钝边 U 形焊缝		Y	
封底焊缝		◡	
点焊缝		○	
塞焊缝		⊓	

（2）指引线　指引线由箭头线（必要时可转折）和两条基准线（一条为细实线，一条为虚线）组成，如图 6-43 所示。

（3）基本符号相对于基准线的位置

1）基本符号在实线侧时，表示焊缝在箭头侧，如图 6-44b 所示；基本符号在虚线侧时，表示焊缝在非箭头

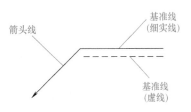

图 6-43　指引线的画法

侧，如图 6-44c 所示。

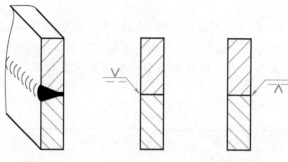

a) 焊缝形式　　b) 基本符号在实线侧　c) 基本符号在虚线侧

图 6-44　基本符号相对于基准线的位置

2）对称焊缝或双面焊缝，可以省略虚线，如图 6-45 所示。

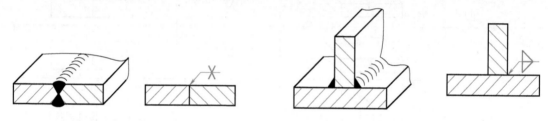

a) 对称焊缝　　　　　　　　　　　　　　　b) 双面焊缝

图 6-45　对称焊缝和双面焊缝的焊缝符号表示

（4）焊缝尺寸符号及其标注　焊缝尺寸在需要时才标注，标注时，随基本符号标注在规定的位置上。常用焊缝尺寸符号及其标注见表 6-3。

表 6-3　常用焊缝尺寸符号及其标注

名称	符号	示意图及标注	名称	符号	示意图及标注
工件厚度	δ		焊缝段数	n	
坡口角度	α		焊缝间距	e	
根部间隙	b		焊缝长度	l	
钝边	p		焊脚尺寸	K	
坡口深度	H		相同焊缝数量	N	

4. 焊缝的画法

（1）焊缝的规定画法

1）在垂直于焊缝的剖视图中，焊缝的剖面形状应涂黑表示，如图 6-46 所示。

2）在剖视图中，可用栅线表示焊缝（栅线段为细实线，可以徒手绘制），如图 6-46a、b 所示；也可用加粗线表示焊缝，如图 6-46c 所示。需要注意的是，在同一图样中，只允许采用一种画法。

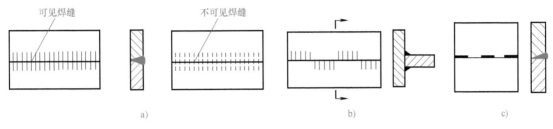

图 6-46 焊缝的规定画法

（2）图样中焊缝的表达

1）在能清楚地表达焊缝技术要求的前提下，在图样视图的轮廓线上可用焊缝符号直接标注，如图 6-47 所示。

图 6-47 焊缝的表达

2）如果需要，也可在图样中采用图示法画出焊缝，并同时标注焊缝符号，如图 6-48a 所示。

3）当有若干条相同的焊缝时，可用公共基准线进行标注，如图 6-48b 所示。

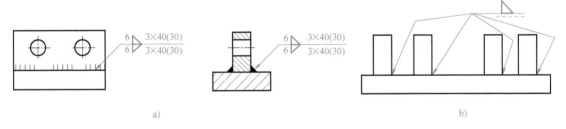

图 6-48 焊缝的标注

5. 焊接加工的特点

焊接加工具有以下优点：

1）与铆接相比，焊接具有节省金属材料、生产率高、接头强度高、密封性能好、易于实现机械化和自动化等优点。

2）与铸造相比，焊接工序简单、生产率高、节省材料、成本低，有利于产品的更新。

3）对于大型、复杂的结构件，可以用板材、管材和型材，也可以用铸件、锻件拼焊，能实现以小拼大，化繁为简，以克服铸造或锻造设备能力的不足，有利于降低成本、节省材料，提高经济效益。

4）焊接能连接异种金属，便于制造双金属结构。如将硬质合金刀片焊接在中碳钢车刀刀杆上。

焊接加工的不足之处为结构不可拆，更换修理不方便；容易产生应力与变形，以及焊接缺陷等。另外，焊接在承受冲击载荷时不如铆接可靠，连接质量不易从外部检查。

6. 焊接加工的应用

焊接主要应用于金属结构的制造上，如建筑结构、船体、车辆、航空航天、电子产品、锅炉及压力容器等，其适用场合如下：①金属构架、容器和壳体结构的制造；②在机械零件制造中，用焊接代替铸造；③制造巨型或形状复杂的零件时，用分开制造再焊接的方法。

三、胶接

胶接是将两种或两种以上的零件用胶黏剂连接起来的一种工艺方法，为不可拆连接。

1. 胶接接头的类型

胶接接头的基本类型有对接接头、正交接头和搭接接头，如图 6-49 所示。

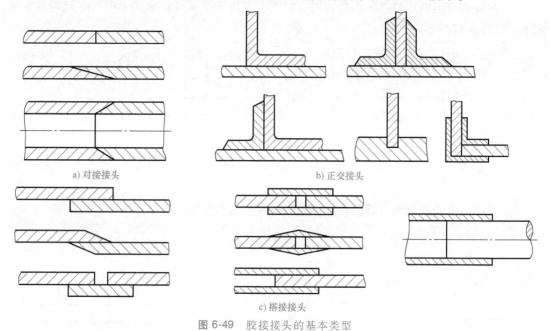

a) 对接接头　　　　　　　　　b) 正交接头

c) 搭接接头

图 6-49　胶接接头的基本类型

2. 胶接的特点

与铆接、焊接以及螺纹连接等相比，胶接具有以下优点：

1）可用于胶接不同性质的材料，而两种性质完全不同的材料很难焊接，若采用铆接或螺纹连接又容易发生电化学腐蚀。

2）胶接操作不必在高温高压下进行，因而胶接件不易发生变形，接头应力分布均匀，故可以胶接异型、复杂部件和大的薄板结构件。

3）胶接为面连接，不易产生应力集中，故耐疲劳、耐蠕变性能较好。

4）胶层有电、热绝缘性，胶接易实现密封、绝缘、防腐性，也可根据需求，加金属填充物来提高导电或导热性能。

5）胶接工艺简单，操作方便，不需要复杂的工艺设备，节约能源，降低成本，减轻劳动强度。

6）胶接件外形平滑，而且由于减少了金属连接件，与铆接、焊接和螺纹连接相比，可使连接重量减轻 20%~25%。如宇航工业中的结构件外观要求高平整光滑度，以减少阻力与摩擦，从而将摩擦温升降到最低程度，故直升机的旋翼片全部采用胶黏剂组装。

胶接的缺点主要表现如下：

1）胶接接头抗剥离、抗弯曲、抗冲击振动性能较差。

2）耐老化、耐介质（如酸、碱等）性能较差，且不稳定，多数胶黏剂的耐热性不高，使用温度有很大的局限性。

3）虽然胶接工艺简单，但对操作技术要求较高，且结合速度不及其他连接。如果胶接面不清洁，胶层不均匀或过厚，固化的温度、压力和时间控制不当等，都会使胶层中产生从外部难以检查出的内部缺陷。

3. 胶接的应用场合

胶接多用于木材工业，60%～70%用于制造胶合板、纤维板、装饰板和木器家具等。在建筑方面，胶接主要用于室内装修和各种密封。在机械工业中，胶接主要用于金属和非金属的结构连接。在航空工业、电器装配和文物修复等方面，胶接也得到了广泛应用。此外，医用胶黏剂胶接在外科手术、牙齿及骨骼修补等方面也被广泛应用。

另外，胶接与其他连接方法共同使用，能显著提高连接的强度，特别是疲劳强度。例如，受剪铆钉或螺栓的接头可先用胶接，板件可先胶接后再焊接。

【课堂讨论】：你身边有铆接、焊接或胶接的实例吗？

本 章 小 结

- 普通螺纹主要用于连接，梯形、锯齿形和矩形螺纹主要用于传动。螺纹按旋向可分为左旋螺纹和右旋螺纹，常用的为右旋螺纹。

- 螺纹连接主要分为螺栓连接、双头螺柱连接和螺钉连接，分别适用于不同的场合。

- 普通螺栓连接的主要失效形式是螺栓杆被拉断以及螺纹牙的压溃和剪断；铰制孔用螺栓连接的主要失效形式是螺栓杆和孔壁的贴合面发生压溃或螺栓杆被剪断。

- 螺纹连接防松措施按照工作原理分类，主要有摩擦防松、机械防松和破坏螺纹副关系防松。

- 键连接为可拆连接，主要包括平键连接、半圆键连接、楔键连接、切向键连接和花键连接。平键的两侧面是工作面，平键分为普通平键、导向平键和滑键三种；普通平键用于静连接，导向平键和滑键用于动连接。半圆键、楔键和切向键用于静连接，花键可用于静连接，也可用于动连接。

- 按用途分类，销可分为定位销、连接销和安全销。按形状不同，销可分为圆柱销、圆锥销、槽销和弹性圆柱销。

- 过盈连接是利用两个被连接件本身的过盈配合来实现连接的。

- 铆接、焊接和胶接均为不可拆连接。三种连接适用于不同的工作场合，具有各自的优缺点。

拓 展 阅 读

◆ 螺纹防松新措施

20世纪70年代，日本人若林克彦发明的哈德洛克（Hard Lock）螺母号称永不松动的螺母，这种螺母与传统螺母不同的地方在于它是成对配套使用，分为凸状螺母和凹状螺母，凸状螺母采用偏心加工，凹状螺母则不做偏心加工，安装时凸状螺母在下方先装，凹状螺母在上方后装，如图 6-50 所示。当凸凹两个螺母拧在一起时，就像是在螺母中插入了楔子一样，从而达到防止松动的目的。迄今为止，"Hard Lock 螺母"已被澳大利亚、英国、波兰、中国、韩国的铁路所采用。除铁路外，日本的世界最长吊桥"明石海峡大桥"、世界最高的自立式电波塔"东京天空树"、美国的航天飞机发射台和海洋钻探机等都采用了"Hard Lock螺母"。

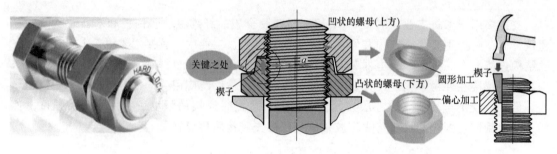

图 6-50　Hard Lock 螺母

20 世纪 90 年代，我国唐宗才发明了新型基于结构防松的螺纹——唐氏螺纹（图 6-51），唐氏螺纹同时具有左旋和右旋螺纹的特点。它既可以和左旋螺纹配合，又可以和右旋螺纹配合，连接时使用两种不同旋向的螺母。工作支承面上的螺母称为紧固螺母，非支承面上的螺母称为锁紧螺母。使用时先将紧固螺母预紧，再将锁紧螺母预紧。在振动、冲击的情况下，紧固螺母会发生松动的趋势，但是，由于紧固螺母的松退方向是锁紧螺母的拧紧方向，锁紧螺母的拧紧恰恰阻止了紧固螺母的松退，保证紧固螺母无法松动。唐氏螺纹紧固件利用螺纹自身矛盾，以松动制约松动。它的发明标志着紧固件领域中的振松问题得到突破性的进展。该方法已经被编入成大先主编的《机械设计手册》。

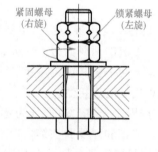

图 6-51　唐氏螺纹

思考题与习题

6-1　按螺纹牙型不同，螺纹可以分为_____、_____、_____和_____四种，其中_____适用于_____连接，_____、_____和_____适用于_____传动。

6-2　当两个被连接件之一太厚，不宜制成通孔，如果连接不需要经常拆装，宜采用

_____连接；如果连接需要经常拆装，宜采用_____连接。

6-3 为连接承受横向工作载荷的两块薄钢板，一般采用_____连接。

6-4 普通螺栓连接的主要失效形式是螺栓杆被拉断以及螺纹牙的_____和_____。

6-5 螺纹连接的防松措施有哪些？

6-6 平键有哪些类型？各应用在什么场合？

6-7 平键的工作面是_____；普通平键连接为_____连接，其主要失效形式为工作面的_____；导向平键连接和滑键连接为_____连接，其主要失效形式为工作面的_____。

6-8 为什么采用两个平键连接时，一般在轴的圆周方向相隔180°布置，而采用两个半圆键连接时要布置在轴的同一条母线上？

6-9 楔键和切向键的工作面为_____，其中_____可以传递单方向的轴向力。

6-10 花键的工作面为_____。

6-11 与平键相比较，花键有哪些优点和缺点？

6-12 花键有哪些类型？各有什么特点？

6-13 按用途分类，销可分为_____、_____和_____三种类型。

6-14 过盈连接有什么优缺点？

6-15 铆接、焊接和胶接各有什么特点？

第七章

轴和轴承

【内容提要】

　　轴和轴承是轴系的重要组成部分。本章首先对轴的分类、材料、设计原则和方法进行介绍；其次对滑动轴承和滚动轴承的类型、构造、选择原则和润滑进行介绍，并对两者的性能进行比较；最后对滚动轴承的组合设计进行介绍。

【学习目标】

　　1. 了解轴的分类、常用材料和设计原则，理解轴的设计过程；

　　2. 了解滑动轴承的类型、特点和应用，理解其失效形式，了解常用材料和润滑方式；

　　3. 了解滚动轴承的构造、材料、类型、特点、应用以及润滑和密封方法；

　　4. 了解滚动轴承的选择原则、失效形式、寿命概念和设计原则；

　　5. 理解滚动轴承的固定方法，了解其装拆方法。

　　齿轮、带轮和蜗轮等做旋转运动的传动零件都要装在轴上来实现其旋转运动，故轴的功用是支持旋转零件和传递转矩。轴又要用轴承来支承以承受作用在轴上的载荷。因此，传动零件、轴和轴承所组成的轴系将直接影响机器的工作能力、产品质量和生产效率。

第一节　轴

一、轴的分类

1. 按轴所承受的载荷分类

根据轴的承载情况，轴可分为转轴、传动轴和心轴。

　　（1）转轴　同时承受转矩和弯矩的轴称为转轴，如图 7-1 所示的减速器中的三根轴均为转轴。转轴是机械中最常见的轴。

　　（2）传动轴　只传递转矩而不承受弯矩或弯矩很小的轴称为传动轴，如汽车变速器与后桥差速器之间的传动轴，如图 7-2 所示。

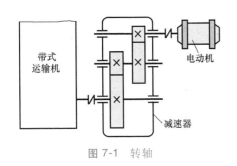

图 7-1 转轴

万向联轴节　传动轴

图 7-2 传动轴

（3）心轴　只承受弯矩而不承受转矩的轴称为心轴。根据心轴是否与轴上零件一起转动，其又可分为固定心轴和转动心轴。转动心轴在工作中随零件一同转动，而固定心轴则不随零件一同转动。

图 7-3 所示为起重用的滑轮轴，工作时滑轮旋转，轴只承受弯矩而不承受转矩，故为心轴。图 7-3 表示了两种结构的滑轮轴，图 7-3a 中的滑轮与轴用键连接，滑轮和轴一起旋转，轴的两端被一对滑动轴承支承着，故此心轴为转动心轴。图 7-3b 中的滑轮在轴上旋转，轴的两端固定在机架上，所以滑轮内孔与轴的表面有相对运动，需要润滑，此心轴为固定心轴。

2. 按轴线的形状分类

按照轴线的形状，轴可分为直轴、曲轴和挠性钢丝轴。

（1）直轴　直轴的各部分轴线在同一直线上，是工程上最常见的轴，如图 7-4 所示。

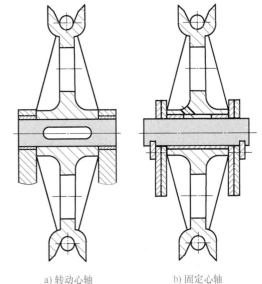

a) 转动心轴　　　　b) 固定心轴

图 7-3 心轴

a) 阶梯轴　　　　　　b) 光轴　　　　　　　c) 空心轴

图 7-4 直轴

直轴按形状又可分为阶梯轴和光轴。通常心轴和转轴都制成阶梯轴，以便于轴上零件的固定。但由于引入阶梯会带来应力集中，从而削弱轴的强度，所以传动轴都制成光轴，轴上无应力集中，但不便于轴上零件的固定。

直轴又可分为实心轴和空心轴。空心轴往往是大直径轴，其可以减小轴的质量，且在相同质量情况下空心轴比实心轴的刚度高，空心轴的内孔还可以输送液体或工件等。

（2）曲轴　曲轴如图 7-5 所示，主要用于做往复运动的机构中，是活塞式动力机械及一些专门设备中的专用零件。它可以与其他零件组合成曲柄滑块机构，并将旋转运动转换为往复直线运动，或做相反的运动转换，如内燃机中的曲轴等。

图 7-5 曲轴

（3）挠性钢丝轴 挠性钢丝轴是由多组钢丝分层卷绕而成的，它可以把转矩和旋转运动灵活地传到空间的任何位置，可以用于受连续振动的场合，具有缓和冲击的作用，但不承受弯矩，如图 7-6 所示。

接头

挠性钢丝轴

接头

图 7-6 挠性钢丝轴

二、轴的材料

轴的材料主要采用碳素钢和合金钢。

1. 碳素钢

碳素钢比合金钢的价格便宜，对应力集中敏感性较小，所以应用较为广泛。常用的碳素钢有 30、35、40、45、50 钢，最常用的是 45 钢。为保证其力学性能，应进行调质或正火处理。不重要或受力较小的轴以及一般传动轴可以使用 Q235、Q275 钢。

2. 合金钢

合金钢具有较高的机械强度，淬透性较好，但对应力集中比较敏感。传递功率大、要求尺寸小、重量轻，轴径耐磨性高以及工作在高、低温环境下的轴，可采用合金钢。常用的合金钢有 12CrNi2、12CrNi3、20Cr 和 40Cr。

需要注意的是，一般机器的工作温度不超过 200℃，此时，各种碳素钢和合金钢的弹性模量相差不多，因此选择合金钢可以提高轴的强度和耐磨性，但不会提高轴的刚度。

轴的材料也可采用合金铸铁或球墨铸铁。轴的毛坯是铸造成形的，所以易于得到合理的形状，适用于制造形状复杂的轴，如曲轴。铸铁成本低廉、吸振性能好，可用热处理方法获得所需的耐磨性，对应力集中敏感性较低。但因铸造品质不易控制，故可靠性不如钢制轴。

三、轴的设计原则和内容

1. 轴的设计原则

一般情况下，轴的失效是由于强度不够而发生断裂，或刚度不够使轴的变形过大影响机器的正常工作，因此轴的工作能力取决于它的强度和刚度。轴的设计原则如下：

1）轴应满足工作能力的要求。

2）轴和轴上零件要有准确的工作位置，各零件要可靠地相互连接。

3）轴应便于加工，轴上零件要易于装拆和调整。

4）尽量减少应力集中。

5）受力合理，有利于节约材料，减轻轴的重量。

2. 轴的设计内容

1）根据工作要求选择合理的材料及热处理方式。

2）按扭转强度估算轴的最小直径 $d_{\min}$。

3）轴的结构设计。

4）轴的强度校核计算，必要时还需进行刚度或振动稳定性等校核计算。

四、轴的结构设计

轴的结构设计包括以下内容：①根据工作要求确定轴上零件的位置和固定方式；②确定各轴段的直径；③确定各轴段的长度；④根据有关设计手册确定结构细节，如圆角、倒角、退刀槽等的尺寸。

轴的结构设计需要使轴具有合理的形状和尺寸。其主要要求有：①轴应便于加工，轴上零件要易于装拆；②轴和轴上零件要有准确的工作位置；③各零件要牢固而可靠地相对固定；④改善受力状况，减少应力集中和提高疲劳强度。

一般机器中的轴大多为阶梯轴。其结构取决于：轴在机器中的安装位置及形式；轴上安装零件的数目、尺寸以及它们与轴连接的方法；载荷的大小、方向及分布情况；轴的加工工艺和安装工艺等。由于影响轴的结构的因素较多，所以轴没有标准的结构模式，其结构设计是灵活多变的。

下面以图7-7所示的带式运输机中减速器输入轴的设计为例进行分析。

1. 拟定轴上零件的布置方案

所谓布置方案，就是确定轴上各零件的相对位置关系，以及主要零件的装配方向和装配顺序。

由图7-7可知，减速器输入轴为外伸轴，外伸端装有带轮；轴的中间轴段装有齿轮，轴由一对轴承支承。为了便于轴上零件的装拆，常将轴做成阶梯形。对于一般剖分式箱体中的轴，其直径从轴端逐渐向中间增大。如图7-8所示，可依次将左端滚动轴承、轴承端盖和带轮从轴的左端装拆；齿轮、套筒和右侧滚动轴承可从轴的右端装拆。

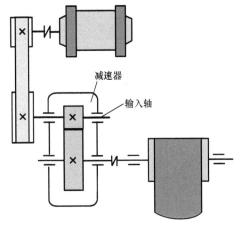

图 7-7 带式运输机

拟定轴上零件的布置方案时，应考虑几种方案，然后进行分析、比较并选择最佳方案。

2. 轴上零件的定位和固定

为保证轴上零件正常工作，需满足两个基本条件：①定位要求，即保证零件在轴上有确定的轴向位置；②固定要求，即零件受力时不与轴发生相对运动。

因此，为了保证齿轮、带轮和轴承在工作过程中不沿轴向产生窜动，需要对其进行轴向定位和固定；为了保证齿轮、带轮与轴一起旋转，还需要对其进行周向定位和固定。

（1）零件的轴向定位和固定 阶梯轴上截面尺寸变化处称为轴肩，可起轴向定位作用。例如图7-8中，轴段①和②间的轴肩使带轮在轴上定位，③和④间的轴肩使左侧滚动轴承在轴上定位，⑤和⑥间的轴肩使齿轮在轴上定位。

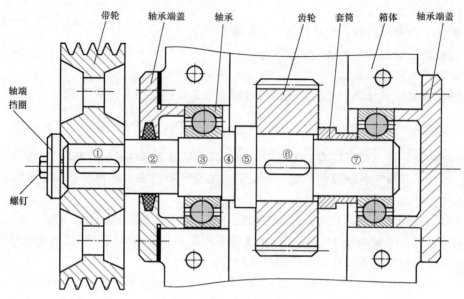

图 7-8　轴上零件的布置方案

　　轴上零件的轴向定位和固定常采用轴肩、套筒、挡圈、圆螺母和锥端轴头等多种形式的组合结构。轴上零件常用轴向定位和固定方法见表 7-1。

表 7-1　轴上零件常用轴向定位和固定方法

轴向定位和固定方法		应用特点
轴肩	（图）	轴肩结构简单、可靠，加工方便，可承受较大的轴向力，应用广泛。但轴肩处会出现应力集中 　　为了使轴上零件与轴肩端面紧密配合，应保证轴的圆角 r、轮毂孔的倒角高度 C（或圆角半径 R）、轴肩高度 h 之间的关系满足：$r<R<h$ 和 $r<C<h$ 　　与滚动轴承配合的 h 值见轴承标准
套筒	（图）套筒	定位可靠，加工方便，可简化轴的结构。套筒定位不仅可以避免轴肩定位引起的轴径增大和应力集中，而且可以避免因加工螺纹或挡圈槽等而削弱轴的强度，但不宜用于所需套筒过长和高速旋转的场合。套筒与轴常采用间隙配合
圆螺母和止动垫圈	（图）圆螺母　止动垫圈	固定可靠，能承受较大的轴向力，圆螺母定位既可以放在轴中间，也可以放在轴端，常用于滚动轴承的轴向固定。一般用细牙螺纹以减少对轴的削弱。止动垫圈起防松作用，可承受较大的轴向力

（续）

轴向定位和固定方法		应用特点
弹性挡圈		能承受较小的轴向力,结构简单、紧凑,装拆方便;轴上切槽可引起应力集中,可靠性差
轴端挡圈		用于轴端零件的固定,可承受较大的轴向力。必要时,需配合采用止动垫圈等防松措施
锁紧挡圈		结构简单,不能承受大的轴向力,也不适合转速较高的轴
圆锥面		多用于轴端零件的固定,能承受冲击载荷,装拆方便,对中精度高;锥面加工困难,轴向定位准确性较差,常与轴端挡圈联合使用

（2）零件的周向定位和固定　轴上零件的周向定位和固定常采用键、花键、过盈配合、成形连接、弹性环和销等连接方式，如表7-2。

表7-2　轴上零件常用周向定位和固定方法

周向定位和固定方法		应用特点
键连接		应用最广的是平键连接,其特点是对中性好,可用于较高精度、高转速及变载荷作用的场合
过盈配合		结构简单,对中性好,承载能力高,可同时起到轴向固定的作用,不适用于经常拆卸的场合

（续）

周向定位和固定方法		应用特点
销连接		轴向、周向均可定位,过载时销被剪断以保护其他零件,不能承受较大载荷
紧定螺钉		只能承受较小的周向力,结构简单,可兼作轴向固定,在有冲击和振动的场合应加防松装置

3. 轴的各段尺寸的确定

轴的各段尺寸包含各段轴的直径和长度。

（1）确定各轴段的直径　首先，按照许用切应力初步计算轴的最小直径。

$$d \geqslant C \sqrt[3]{\frac{P}{n}} \tag{7-1}$$

式中　P——轴所传递的功率（kW）；

　　　n——轴的转速（r/min）；

　　　C——与材料有关的系数，见表7-3。

表 7-3　轴的许用切应力 [τ] 及系数 C

轴的材料	Q235、20	Q275、35	45	40Cr、35SiMn
[τ]/MPa	12~20	20~30	30~40	40~52
C	160~135	135~118	118~106	106~98

当轴所受弯矩较大时，C宜取较大值；反之，宜取较小值。

初步计算的直径作为轴的最小直径。对于外伸轴来说，则为外伸端的直径，如图7-8中轴段①的直径。

当轴上连接开式齿轮、带轮、链轮和联轴器等时，需要在轴上加工键槽，这时就要考虑键槽对轴强度的削弱，应适当增大轴径，单键增大3%，双键增大7%，然后圆整。

确定轴的最小直径之后，即可根据轴上零件的轴向定位和固定方法初步确定轴各段的直径。

轴肩分为定位轴肩和非定位轴肩。定位轴肩是为了对轴上零件进行定位，并承受轴向力，一般情况下，定位轴肩的高度 $h=(0.07d+3\text{mm})\sim(0.1d+5\text{mm})$。非定位轴肩是为了装配方便或加工方便而采用的，此时轴肩高度 h 没有严格的限制，但是轴径变化越大，应力集中越明显。因此，一般情况下非定位轴肩的高度 $h = 1 \sim 3\text{mm}$。图 7-8 中轴段②和③、④和⑤、⑥和⑦形成的轴肩均为非定位轴肩。

需要注意的是，与标准件相配合的轴径，应按照标准值选取。同一轴径轴段上不能安装三个以上的零件。一般减速器均采用滚动轴承，滚动轴承为标准件，与轴承相配合的轴段，如图 7-8 中的③和⑦，其轴径应与滚动轴承的内径一致。需要先选择轴承型号，再根据轴承内径确定该轴段的直径。另外，滚动轴承的轴向定位应符合国家标准规定。轴承的轴向定位一般是内圈采用轴肩或套筒定位、外圈采用轴承座孔或套杯的挡肩定位。为了既保证定位强度，又便于装拆，轴肩高度 d_a 和

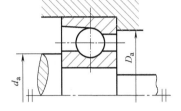

图 7-9 滚动轴承的轴向定位

挡肩高度 D_a 应按照标准选取，如图 7-9 所示，图 7-8 中轴段④的轴径就应按照滚动轴承轴向定位需求选取。

（2）确定各轴段的长度 阶梯轴各轴段的长度应根据轴上安装的零件（如齿轮、带轮和轴承等）和相关零件（如箱体轴承孔和轴承盖等）的宽度及其他结构要求确定。

当用轴肩、套筒、圆螺母和轴端挡圈进行零件的轴向定位时，考虑制造误差，为保证轴向定位可靠，要求轴段长度小于轴上零件轮毂长度，即 $l_{轴} < l_{毂}$，一般 $l_{毂} - l_{轴} = 2 \sim 3\text{mm}$，如图 7-10 所示。例如图 7-8 中轴段①和⑥的长度分别比带轮和齿轮的宽度小 $2 \sim 3\text{mm}$。

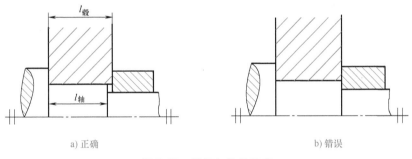

a) 正确　　　　　　　　　　　　　　b) 错误

图 7-10 轴段与轮毂长度

【课堂讨论】：自行车中有几根轴？各属于哪种类型的轴？

第二节　滑　动　轴　承

轴承的功用是支承轴及轴上的零件，使轴系在圆周方向旋转自如，同时承受轴上传来的力，并将力传给机座。

根据轴承工作的摩擦性质，轴承可分为滑动摩擦轴承（简称滑动轴承）和滚动摩擦轴承（简称滚动轴承）两类。本节对滑动轴承进行介绍。

一、滑动轴承的特点和应用

滑动轴承与轴颈的支承面之间形成直接或间接的滑动摩擦传动副。滑动轴承包含的零件少，工作面间一般有润滑油膜且为面接触，所以它具有较好的高速性能和抗冲击性能，且承

载能力大、工作平稳、无噪声。

滑动轴承主要应用在以下场合：

1）要求工作转速特别高的轴承。因为在特高转速下，滚动轴承的寿命会大大地降低。

2）承受极大的冲击和振动载荷的轴承。因为其相对运动表面有润滑油膜，可以起到缓冲和阻尼作用，这是滚动轴承不能比拟的。

3）要求特别精密的轴承。

4）装配工艺要求轴承剖分的场合，如曲轴的轴承。

5）要求径向尺寸小的轴承。

因此，在汽轮机、离心式压缩机、内燃机、铁路机车、金属切削机床、轧钢机、射电望远镜、水泥搅拌机、滚筒清砂机、航空发动机附件、雷达和破碎机等机器中多采用滑动轴承。

二、滑动轴承的类型

按照承受载荷的方向，滑动轴承可分为径向轴承和推力轴承。径向轴承又称为向心滑动轴承，只能承受径向载荷，轴承上的反作用力和轴的中心线垂直；推力轴承只能承受轴向载荷，轴承上的反作用力与轴的中心线方向一致。

按轴承结构不同，滑动轴承可分为整体式滑动轴承、剖分式滑动轴承和推力滑动轴承。

滑动轴承一般由轴承座、轴瓦（或轴套）、润滑装置和密封装置等组成。

1. 整体式径向滑动轴承

整体式径向滑动轴承如图 7-11 所示，由轴承座和轴套组成。轴承座常用铸铁制造，用螺栓把轴承座固定在机架上，轴承座顶部设有装油杯的螺纹孔。轴套用减摩材料制成，压入轴承座孔中，轴套上开有油孔，内表面上开油槽以输送润滑油。其优点是结构简单，成本低廉。缺点是，当摩擦表面磨损而轴承间隙加大后，无法补偿调整轴承间隙；轴颈只能从端部装入，对于大型的轴或位于轴中部的轴颈，安装非常不便，特别是多拐曲轴，无法安装。

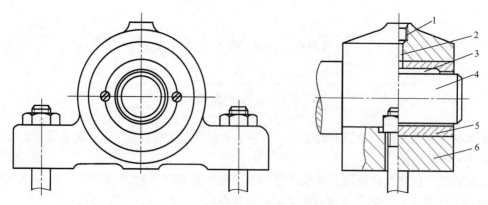

图 7-11　整体式径向滑动轴承

1—油杯螺纹孔　2—油孔　3—油槽　4—轴颈　5—轴套　6—轴承座

整体式径向滑动轴承常用于低速、轻负荷或间歇性工作的机器中，如农业机械、手工机械等。

2. 剖分式径向滑动轴承

剖分式径向滑动轴承由轴承座、轴承盖、剖分式轴瓦和连接螺栓等组成，如图 7-12 所示。

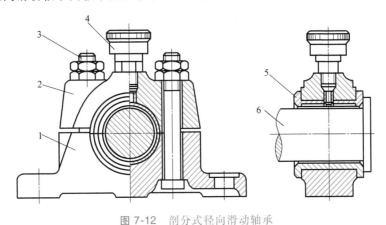

图 7-12　剖分式径向滑动轴承

1—轴承座　2—轴承盖　3—连接螺栓　4—油杯　5—上轴瓦　6—轴颈

轴承盖和轴承座的结合面做成阶梯形定位止口，便于装配时对中和防止其两者产生相对横向移动。剖分式径向滑动轴承的下轴瓦安装在轴承座上，上轴瓦安装在轴承盖内，把轴放在轴承座的下轴瓦上，然后用双头螺柱或螺栓把装有上轴瓦的轴承盖与轴承座进行连接。轴承盖顶部有注油孔，轴瓦内表面有油孔和油槽。

剖分式滑动轴承克服了整体式滑动轴承安装不便的缺点，而且当轴瓦工作面磨损后，适当减薄剖分面间的垫片并进行刮瓦，就可调整轴颈与轴瓦之间的间隙。因此，这种轴承得到了广泛应用，并且已经标准化。其缺点是结构较复杂，刚度略有下降。

3. 推力滑动轴承

推力滑动轴承用于承受轴向载荷，其结构如图 7-13 所示。它由轴承座 1、衬套 2、径向轴瓦 3 和止推轴瓦 4 等组成。止推轴瓦的底部与轴承座为球面接触，可以自动调整位置，以保证摩擦表面的良好接触。销钉的作用是阻止止推轴瓦随轴转动。润滑油由下部注入，从上部流出，以保证工作面的接触性能。

常见的推力滑动轴承轴颈的结构类型有实心式、空心式、单环式和多环式，如图 7-14 所示。实心式轴颈由于工作时轴心与边缘磨损不均匀，易致轴心部分压强极高，润滑油容易被挤出，所以极少采用。空心式轴颈接触面上压力分布较均匀，润滑条件较实心式有所改善。单环式是利用轴颈的环形端面止推，而且可以利用纵向油槽输入润滑油，结构简单，润滑方便。一般机器上，载荷较小时，可采用空心式或单环式止推轴颈；

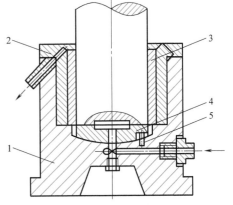

图 7-13　推力滑动轴承

1—轴承座　2—衬套　3—径向轴瓦
4—止推轴瓦　5—销钉

载荷较大时，通常采用多环式止推轴颈，多环式止推轴颈还能承受双向轴向载荷。轴颈的结构尺寸可查阅有关手册。

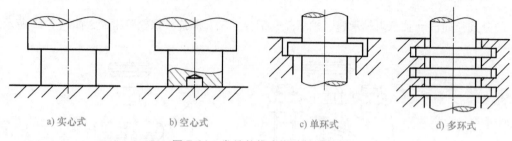

a) 实心式　　　b) 空心式　　　c) 单环式　　　d) 多环式

图 7-14　常见的推力滑动轴承轴颈

三、轴瓦的结构

轴瓦（轴套）是滑动轴承中最重要的零件，它与轴颈构成相对运动的滑动副，有时为了既能改善轴承的摩擦性能，提高其承载能力，又能节省贵重的合金材料，常在轴瓦内表面上再浇注或轧制一薄层轴承合金，这层轴承合金称为轴承衬，如图 7-15 所示。有轴承衬的轴瓦在工作时是轴承衬与轴颈直接接触，轴瓦只起支承作用。

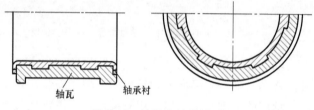

图 7-15　轴瓦和轴承衬

对轴瓦的要求如下：有一定的强度和刚度，在轴承中定位可靠，便于输入润滑剂，装拆、调整方便，散热好。为此，轴瓦应在外形结构、定位方式和开设油沟等方面，有不同的形式以适应各种场合。

与滑动轴承的结构类型相对应，常用轴瓦可分为整体式和剖分式两种。

1. 整体式轴瓦（轴套）

整体式轴瓦又称为轴套，有光轴套和带油槽轴套两种，如图 7-16 所示。除轴承合金以外的材料都可制成这种结构。轴承内径与轴颈名义直径相同。

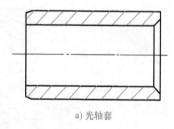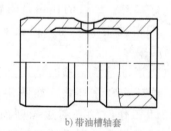

a) 光轴套　　　　　　　　　b) 带油槽轴套

图 7-16　整体式轴瓦

2. 剖分式轴瓦

剖分式轴瓦的典型结构如图 7-17 所示。剖分式轴瓦用于剖分式滑动轴承中，由上、下两半轴瓦组成。剖分式轴瓦分为承载区和非承载区，一般载荷向下，故上轴瓦为非承载区，下轴瓦为承载区。润滑油在非承载区进入，故进

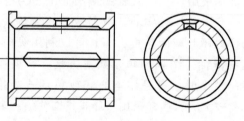

图 7-17　剖分式轴瓦

油口应开在上轴瓦顶部。

为使润滑油均布于轴瓦工作表面，常在轴瓦上开设油孔和油沟，其形状如图7-18所示。在轴瓦的内表面，以进油口为对称位置，沿轴向、径向或斜向开有油沟，润滑油经油沟分布到整个轴颈。油沟离轴瓦两端应留出一段距离，不能开通，以减少端部泄油。

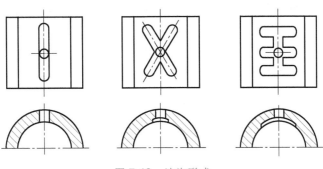

图7-18 油沟形式

四、滑动轴承的失效形式

1. 磨粒磨损

进入轴承接触面间的硬颗粒除嵌入轴承表面外，部分游离在间隙中并随轴颈转动，必然会对轴颈和轴承表面产生研磨，加剧轴承磨损，降低精度，使轴承性能在预期寿命内急剧下降。

2. 疲劳剥落

在载荷反复作用下，轴承表面会出现与相对滑动方向垂直的疲劳裂纹，扩展后会导致轴承衬材料剥落，影响实际的承载能力，甚至无法正常工作而失效。

3. 刮伤

在接触面之间的硬颗粒运动时，轴承内表面形成线状伤痕，导致轴承无法达到设计要求。

4. 腐蚀

在使用中不断氧化的润滑剂形成的酸性物质对轴承材料具有腐蚀性，极易形成点状脱落失效形式。

5. 胶合

工作中轴承温升过高、载荷过大时，在油膜破裂或润滑油流量不足的情况下，轴颈的相对运动表面材料会发生黏附和迁移，导致轴承损坏。

五、滑动轴承的常用材料

滑动轴承的材料是指轴瓦和轴承衬的材料。根据轴承的工作情况和失效形式，要求轴瓦材料具备以下性能：

1）良好的减摩性、耐磨性和抗胶合性。减摩性是指材料副具有较低的摩擦系数。耐磨性是指单位时间内磨损量（磨损率）小。抗胶合性是指材料的耐热性与抗黏附性好。

2）良好的嵌入性、顺应性和磨合性。嵌入性是指材料允许润滑剂中外来硬质颗粒嵌入，从而减轻轴承滑动表面发生刮伤或磨粒磨损的失效。顺应性是指材料靠表层的塑性变形补偿滑动摩擦表面初始配合不良和轴挠曲变形的能力，弹性模量低的材料顺应性较好。磨合性是指轴瓦与轴颈表面经短期轻载运行后，形成相互吻合的表面形状和表面粗糙度的能力。

3）足够的强度和抗腐蚀能力。

4）良好的导热性、工艺性和经济性等。

由于很难找到能同时满足上述要求的材料，故经常把两三种材料组合起来，以满足滑动轴承对多种性能的要求。在工艺上可以用浇注或压合的方法，将薄层材料黏附在轴瓦基体上形成轴承衬。

常用的轴瓦材料有金属材料、粉末冶金材料和非金属材料。

1. 轴承合金

轴承合金通常又称为巴氏合金或白合金。轴承合金分别以锡、铅为基体，加入适量的锑铜、锑锡制成。由于基体较软，材料具有较好的可塑性，硬晶粒可起到抗磨损作用。轴承合金具有良好的嵌入性、摩擦顺应性、磨合性和抗胶合性，但是机械强度较低，不能单独做轴瓦使用，且价格较贵。为了提高轴瓦强度和节约轴承合金，通常将它贴附在钢、铸铁和铜合金的轴瓦表层上作为轴承衬使用。轴承合金适用于重载、中高速场合。

2. 铜合金

铜合金是传统的轴瓦材料，品种较多，有锡青铜、铅青铜、铝青铜和黄铜。铜合金具有较高的强度以及较好减摩性和耐磨性。锡青铜的减摩性和耐磨性最好，但嵌入性和磨合性比轴承合金差，适用于中速、重载轴承。铅青铜的抗胶合能力强，适用于高速、重载轴承。铝青铜的强度和硬度高，抗胶合能力差，适用于低速、重载轴承。黄铜是铜锌合金，其减摩性和耐磨性比青铜差，但工艺性好，适用于低速、中载轴承。

3. 铝合金

铝合金为铝锡合金，具有强度高、耐腐蚀、导热性好等优点，可用铸造、冲压、轧制等方法制造，适合批量生产，但磨合性差，要求轴颈有较高的硬度和加工精度，可部分代替价格较贵的轴承合金或青铜材料。

4. 铸铁

铸铁主要包括灰铸铁、耐磨铸铁和球墨铸铁。铸铁中的石墨具有润滑作用，其价格低廉，但磨合性差，适用于低速、轻载和不重要的场合。

5. 粉末冶金材料

粉末冶金材料是一种用铁、铜、锡、锌和铅粉末，添加或不添加石墨添加剂，经过预压后在 $750 \sim 1000 \, \text{℃}$ 下烧结或热压而成的轴瓦材料，又称为陶瓷金属，具有多孔结构。工作前，先把轴瓦在热油中浸渍数小时，使孔隙中充满润滑油。工作时，由于轴颈转动的抽吸作用和轴承发热时油的膨胀作用，油便进入相对运动表面而起润滑作用；不工作时，由于孔隙的毛细管作用，油又被吸回轴承内部。所以在相当长的时期内具有自润滑作用，又称为含油轴承。

粉末冶金轴瓦的强度比金属轴瓦低，但耐冲击性较好，宜用于中低速、无冲击载荷，润滑不便或要求清洁的场合，如提升机械、农业机械或转向轮上的轴瓦。

列为国家标准的有铁基和铜基两种，此外还有铝基粉末冶金材料。

6. 工程塑料

工程塑料具有自润滑性而被广泛应用于滑动轴承，特别适用于干摩擦或润滑不完全的轴承。其优点是摩擦系数小，可塑性、磨合性良好，耐磨、耐腐蚀好，可以用水、油及化学溶液润滑，其吸振性优于金属轴瓦。但其机械强度不及金属材料，而且它的导热性差，膨胀系数较大，容易变形。为改善此缺陷，常在工程塑料中加入填充材料，或将薄层工程塑料作为轴承衬材料黏附在金属轴瓦上使用。

常用的工程塑料有酚醛塑料、尼龙、聚酰胺、聚四氟乙烯和聚苯硫醚等。

7. 橡胶

橡胶具有良好的弹性和减摩性，故常用于以水作为润滑剂且环境较脏的场合。其内壁上带有轴向沟槽，以利于润滑剂流通，而且可以增强冷却效果和冲走污物。

六、润滑剂和润滑装置

轴承润滑的目的是减小摩擦系数，降低磨损率和功耗，同时起到防锈、冷却和吸振的作用。轴承能否正常工作，和选用的润滑剂正确与否有很大关系。

1. 润滑剂

常用的润滑剂有润滑油、润滑脂、石墨和二硫化铝。最常用的是润滑油和润滑脂。

润滑油可用于从低转速到高转速、各种载荷工况下所有种类的滑动轴承。润滑油中以矿物油用得最多，其最主要的性能指标是黏度，黏度也是选择轴承用油的主要依据。例如，在压力大或冲击变载荷等工作条件下，选用高黏度油；速度高时，为了减小摩擦功耗，应采用黏度较低的油等。

润滑脂用于轴颈速度低于 $1m/s$ 的场合。润滑脂是用矿物油与各种稠化剂（钙、钠、铝等金属皂）混合而成，其稠度大，不易流失，承压能力大，但摩擦功耗大，不易用于温度变化大或高速的场合。

2. 润滑装置

选定润滑剂后，需要采用合适的方法和装置将润滑剂送至润滑表面以进行润滑。

（1）油润滑　用液体油润滑称为稀油润滑，根据工作时的要求可用间歇式或连续式。间歇式适用于轻载、低速、不重要部位等。连续式供油比较可靠，在高速或重载下工作的轴承必须采用连续式供油。

1）手工加油润滑。这是最简单的间歇式供油方法。手工加润滑油是用油壶向油孔中注油。为防止污物进入油孔，可在油孔中安装压配式压注油杯，如图 7-19 所示。

2）滴油润滑。滴油润滑是把润滑油通过润滑装置滴入轴承间隙中进行润滑。常用的润滑装置为针阀式油杯，如图 7-20 所示。手柄 1 直立时，针阀杆 3 提起，油杯底部油孔打开，润滑油流入轴承，反之，则停止供油。通过调节螺母 2 可改变针阀杆的提升量以控制加油量。针阀式油杯可用于连续润滑。

3）芯捻或线纱润滑。如图 7-21 所示，芯捻或线纱润滑是用毛线或者棉线做成芯捻或用线纱做成线团浸在油槽内，利用毛细管作用把油引到滑动表面上，这种方法为连续供油方式，但不易调节供油量。

4）油环润滑。如图 7-22 所示，在轴颈上套一个油环，油环下垂浸入油池中，油环回转时把油带到轴颈上去，其为连续供油方式。这种装置只能用于水平放置且连续运转的轴颈，供油量与轴的转速、油环的截面形状和尺寸、润滑油黏度等有关，其适用的转速范围为 $250r/min<n<1800r/min$。速度过低时，油环不能把油带起；速度过高时，油环上的油会被甩掉。

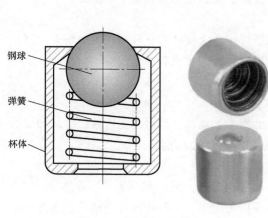

图 7-19　压配式压注油杯

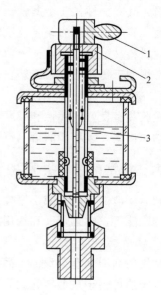

图 7-20　针阀式油杯

1—手柄　2—调节螺母　3—针阀杆

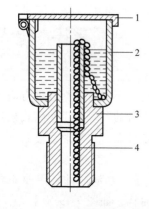

图 7-21　芯捻或线纱润滑

1—盖　2—杯体　3—接头　4—油芯

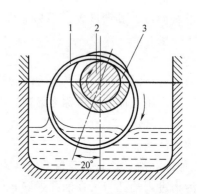

图 7-22　油环润滑

1—油环　2—轴颈　3—轴瓦

5）浸油润滑。如图 7-23 所示，浸油润滑是把部分轴承直接浸入油中以润滑轴承，为连续供油方式。

6）压力循环润滑。如图 7-24 所示，压力循环润滑可以供应充足的油量来润滑和冷却轴承，为连续供油方式。在重载、振动或交变载荷的工作条件下，能取得良好的润滑效果。

（2）脂润滑　润滑脂只能间歇供应，旋盖式油杯是应用最广的脂润滑装置，如图 7-25 所示。润滑脂贮存在杯体里，杯盖用螺纹与杯体连接，旋拧杯盖使空腔体积减小而将润滑脂压送到轴承孔内。

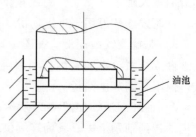

图 7-23　浸油润滑

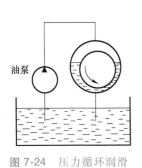

油泵

图 7-24　压力循环润滑

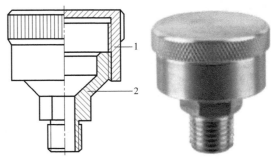

图 7-25　旋盖式油杯
1—杯盖　2—杯体

【课堂讨论】：列举几个你见过的滑动轴承的应用实例。

第三节　滚动轴承

滚动轴承是标准件，由专门的轴承工厂成批生产。在机械设计中，只需根据工作条件选用合适的滚动轴承类型和型号进行组合结构设计。滚动轴承安装、维修方便，价格也比较便宜，故应用很广。

一、滚动轴承的构造

典型的滚动轴承及其构造如图 7-26 所示，其由内圈 1、外圈 2、滚动体 3 和保持架 4 组成。

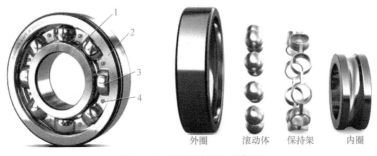

外圈　　滚动体　　保持架　　内圈

图 7-26　滚动轴承及其构造
1—内圈　2—外圈　3—滚动体　4—保持架

内圈装在轴颈上，外圈与轴承座孔配合。在内、外圈与滚动体接触的表面上有滚道，滚动体沿滚道滚动。滚动体是滚动轴承的核心元件，它使相对运动表面间的滑动摩擦变为滚动摩擦。保持架的作用是把滚动体隔开，使其均匀分布于座圈的圆周上，以防止相邻滚动体在运动中接触而产生摩擦。

常见的滚动体如图 7-27 所示，有

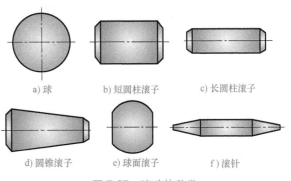

a) 球　　　　b) 短圆柱滚子　　　　c) 长圆柱滚子

d) 圆锥滚子　　　e) 球面滚子　　　f) 滚针

图 7-27　滚动体种类

球、短圆柱滚子、长圆柱滚子、圆锥滚子、球面滚子和滚针等。滚动体的大小和数量直接影响轴承的承载能力。

二、滚动轴承的材料

滚动轴承的内、外圈和滚动体通常采用强度高、耐磨性好的专用材料，如高碳铬轴承钢、渗碳轴承钢等。滚动体和滚道表面要求磨削抛光。保持架常选用减摩性较好的材料，如铜合金、铝合金、低碳钢及工程塑料等，近年来，塑料保持架的应用日益增多。

三、滚动轴承的基本类型、特点和应用

滚动轴承通常按其承受载荷的方向和滚动体的形状分类。

轴承的径向平面与滚动体和滚道接触点的公法线之间所夹的锐角称为公称接触角，简称接触角，用 α 表示。接触角越大，轴承承受轴向载荷的能力也越强。

按承受载荷的方向或公称接触角 α 的不同，滚动轴承可分为：①向心轴承，主要用于承受径向载荷，其公称接触角 $0° \leq \alpha \leq 45°$；②推力轴承，主要用于承受轴向载荷，其公称接触角 $45° < \alpha \leq 90°$，见表 7-4。

表 7-4 滚动轴承按公称接触角分类

轴承类型	向心轴承		推力轴承	
	径向接触轴承	角接触轴承	角接触轴承	轴向接触轴承
公称接触角	$\alpha = 0°$	$0° < \alpha \leq 45°$	$45° < \alpha < 90°$	$\alpha = 90°$
轴承举例	深沟球轴承	角接触球轴承	推力调心滚子轴承	推力球轴承

按照滚动体形状，滚动轴承可分为：①球轴承，球轴承的球形滚动体与内、外圈为点接触，运转时摩擦损耗小，承载能力和抗冲击能力弱；②滚子轴承，滚子轴承的滚子滚动体与内、外圈为线接触，承载能力和抗冲击能力强，但运转时摩擦损耗大，滚子轴承又分为圆柱滚子轴承、圆锥滚子轴承、球面滚子轴承和滚针轴承等。

由于滚动轴承的结构不同，故使用性能也不同，主要性能包含承载能力、极限转速和角偏差。

1. 承载能力

在外形尺寸相同的情况下，滚子轴承的承载能力为球轴承的 1.5~3 倍。但当轴承内径小于 20mm 时，滚子轴承和球轴承的承载能力相差不多，而球轴承的价格一般低于滚子轴承，这时优先选用球轴承。

径向接触向心轴承，当滚动体为滚子时，只能承受径向载荷；当滚动体为球时，由于内、外滚道为较深的沟槽，因此在主要承受径向载荷的同时，还可以承受一定的双向轴向载

荷。深沟球轴承结构简单，价格低廉，应用最广。

角接触轴承既可以承受径向载荷也可以承受轴向载荷。角接触向心轴承主要承受径向载荷，角接触推力轴承主要承受轴向载荷。

轴向接触推力轴承只能承受轴向载荷。

2. 极限转速

由于滚动轴承转速过高时，摩擦面间会产生高温，使润滑失效，从而导致滚动体回火或胶合破坏。

滚动轴承在一定载荷和润滑条件下，允许的最高转速称为极限转速。各类轴承的极限转速与相同尺寸系列的深沟球轴承极限转速之比称为极限转速比，极限转速比>90%为高；极限转速比=60%～90%为中，极限转速比<60%为低。

3. 角偏差

轴承由于安装误差或轴的变形等都会引起内、外圈轴线发生相对倾斜，其倾斜角 θ 称为角偏差，如图 7-28 所示。各类轴承的角偏差是有限制的，称为允许角偏差，当超过允许角偏差时，会使轴承寿命降低。调心轴承的外圈滚道表面为球面，能自动补偿两滚道轴线的角偏差，从而保证轴承可以正常工作。线接触的轴承，如圆柱滚子轴承、圆锥滚子轴承和滚针轴承，对倾斜角较敏感，应用于轴具有足够刚度，且同一根轴上各轴承座孔的同轴度较高的场合。

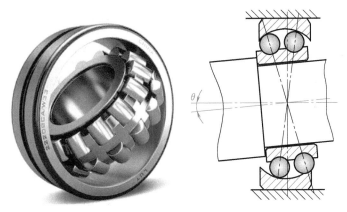

图 7-28　调心轴承及其调心作用

常用滚动轴承的类型、性能特点和应用场合见表 7-5。

表 7-5　常用滚动轴承的类型、性能特点和应用场合

名称	类型代号	结构简图及承载方向	极限转速比	允许角偏差	性能特点与应用场合
调心球轴承	1		中	2°～3°	主要承受径向载荷，也能同时承受较小的轴向载荷。外圈滚道为球面，具有自动调心性能。适用于多支点轴、刚度较小的轴以及难以精确对中的支承

（续）

名称	类型代号	结构简图及承载方向	极限转速比	允许角偏差	性能特点与应用场合
调心滚子轴承	2		中	1.5°~2.5°	与调心球轴承类似，但承载能力更大。外圈滚道为球面，具有自动调心性能。抗振动、冲击能力强。但加工要求高，用于其他轴承不能胜任的重载且需调心的场合
圆锥滚子轴承	3		中	2′	能承受较大的径向载荷和轴向载荷。外圈可分离，游隙可调，装配方便，适用于刚度较大的轴，一般成对使用，对称安装
推力球轴承	5		低	不允许	只能承受轴向载荷，且载荷作用线必须与轴线重合 推力球轴承的套圈有轴圈与座圈。轴圈与轴过盈配合并一起旋转，座圈的内径与轴保持一定间隙，置于机座中。轴圈、座圈和滚动体是分离的。适用于轴向载荷大，但转速不高的场合。单列球轴承仅承受单向轴向载荷，双列球轴承可承受双向轴向载荷
深沟球轴承	6		高	8′~16′	主要承受径向载荷，同时也可承受一定的轴向载荷。当转速很高而轴向载荷不太大时，可代替推力球轴承承受纯轴向载荷 结构简单，价格便宜，应用最广泛。但承受冲击载荷的能力较差，适合于高速场合
角接触球轴承	7		高	2′~10′	可承受径向载荷和单向轴向载荷，接触角越大，承受轴向载荷的能力越强。通常成对使用，高速时可代替推力轴承。适用于刚度较大、跨距较小的轴的支承
推力圆柱滚子轴承	8		低	不允许	能承受很大的单向轴向载荷，比推力球轴承的承载能力大，极限转速很低 适用于低速、重载场合

（续）

名称	类型代号	结构简图及承载方向	极限转速比	允许角偏差	性能特点与应用场合
圆柱滚子轴承	N		高	2′~4′	能承受较大的径向载荷,不能承受轴向载荷。轴承的内、外圈可分离,内、外圈允许有少量的轴向移动,能承受较大的冲击载荷 适用于刚度较大、对中性良好的轴的支承,常用于大功率电动机、人字齿轮减速器的支承
滚针轴承	NA		低	不允许	只能承受径向载荷,承载能力大,径向尺寸特别小,一般无保持架,工作时允许内、外圈有少量轴向错动

图 7-29 所示为常用滚动轴承。

a) 调心球轴承

b) 调心滚子轴承

c) 圆锥滚子轴承

d) 推力球轴承

e) 深沟球轴承

f) 角接触球轴承

g) 推力圆柱滚子轴承

h) 圆柱滚子轴承

i) 滚针轴承

图 7-29　常用滚动轴承

四、滚动轴承的代号

滚动轴承的类型很多，各类轴承又有不同的结构、尺寸、公差等级和技术要求。为了表征各类轴承的不同特点，便于制造和选用，国家标准规定了轴承代号的表示方法。轴承的代号由基本代号、前置代号和后置代号构成，按国家标准 GB/T 272—2017 的规定，其排列顺序见表7-6。

表7-6　滚动轴承代号的构成

轴承代号					
前置代号	基本代号				后置代号
	轴承系列			内径代号	
	类型代号	尺寸系列代号			
		宽度(或高度)系列代号	直径系列代号		

1. 基本代号

基本代号是核心部分，表示轴承的基本类型、结构和尺寸。自右向左由内径代号、尺寸系列代号和类型代号三部分组成。

（1）类型代号　轴承类型代号用数字或大写字母表示，其具体表示方法见表7-5。

（2）尺寸系列代号　尺寸系列代号用数字表示，由轴承的宽（高）度系列代号和直径系列代号组合而成。向心轴承、推力轴承尺寸系列代号按表7-7的规定。

表7-7　尺寸系列代号

直径系列代号	向心轴承							推力轴承				
	宽度系列代号							高度系列代号				
	8	0	1	2	3	4	5	6	7	9	1	2
	尺寸系列代号											
7	—	—	17	—	37	—	—	—	—	—	—	—
8	—	08	18	28	38	48	58	68	—	—	—	—
9	—	09	19	29	39	49	59	69	—	—	—	—
0	—	00	10	20	30	40	50	60	70	90	10	—
1	—	01	11	21	31	41	51	61	71	91	11	—
2	82	02	12	22	32	42	52	62	72	92	12	22
3	83	03	13	23	33	—	—	—	73	93	13	23
4	—	04	—	24	—	—	—	—	74	94	14	24
5	—	—	—	—	—	—	—	—	—	95	—	—

1）宽（高）度系列代号。其为向心轴承的宽度系列或推力轴承的高度系列。宽（高）度系列代号表示类型、结构相同的轴承，当其内径和外径都相同时，由于滚动体的长度或座圈结构的特殊需要引起轴承宽（高）度方向变化的系列。在表7-7中，宽（高）度系列的宽（高）度尺寸由左向右依次递增。

图7-30所示为宽度系列的对比。

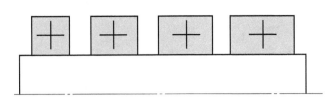

图 7-30 宽度系列的对比

2）直径系列代号。直径系列代号表示类型和结构相同的轴承，当内径相同时，轴承在外径和宽度方向上变化的系列。对于内径相同的轴承，其滚动体直径可以不同，因而会使轴承在外径和宽度方向上尺寸有变化，并且随着滚动体直径的增加，轴承的外径和宽度尺寸增加，轴承的承载能力增大。在表 7-7 中，直径系列的外径和宽度尺寸由上向下依次递增。

图 7-31 所示为直径系列的对比。

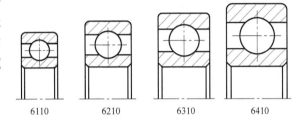

图 7-31 直径系列的对比

（3）内径代号 轴承的内径代号用数字表示，表示方法见表 7-8。

表 7-8 滚动轴承的内径代号

轴承公称内径（mm）		内径代号	示例
0.6~10（非整数）		用公称内径毫米数直接表示，在其与尺寸系列代号之间用"/"分开	深沟球轴承 617/0.6　$d=0.6$mm 深沟球轴承 618/2.5　$d=2.5$mm
1~9（整数）		用公称内径毫米数直接表示，对深沟及角接触球轴承直径系列 7、8、9，内径与尺寸系列代号之间用"/"分开	深沟球轴承 625　$d=5$mm 深沟球轴承 618/5　$d=5$mm 角接触球轴承 707　$d=7$mm 角接触球轴承 719/7　$d=7$mm
10~17	10	00	深沟球轴承 6200　$d=10$mm
	12	01	调心球轴承 1201　$d=12$mm
	15	02	圆柱滚子轴承 N202　$d=15$mm
	17	03	推力球轴承 51103　$d=17$mm
20~480（22、28、32 除外）		公称内径除以 5 的商数，商数为个位数时，需在商数左边加"0"，如 08	调心滚子轴承 22308　$d=40$mm 圆柱滚子轴承 N1096　$d=480$mm
≥500 以及 22、28、32		用公称内径毫米数直接表示，但在与尺寸系列代号之间用"/"分开	调心滚子轴承 230/500　$d=500$mm 深沟球轴承 62/22　$d=22$mm

2. 前置代号和后置代号

前置代号和后置代号是轴承在结构形状、尺寸、公差、技术要求等有改变时，在其基本代号左右添加的补充代号。前置代号用字母表示，经常用于表示轴承的分部件（轴承组件）。后置代号用字母（或加数字）表示，并与基本代号空半个汉字距离或用符号"-""/"分割。前置代号和后置代号的具体表示方法与含义可查阅轴承手册和有关标准。

例如滚动轴承代号 62205 的含义：6—深沟球轴承（表 7-5）；22—宽度系列代号和直径系列代号均为 2（表 7-7）；05—内径为 25mm（表 7-8）。

五、滚动轴承的选择

选择滚动轴承的主要依据是：轴承所受工作载荷的大小、方向与性质；转速和回转精度要求；调心功能；安装空间大小、装拆方便程度及经济性等。

1. 轴承所受的载荷

轴承所受载荷的大小、方向和性质是选择轴承类型的主要依据。

根据载荷的大小选择轴承类型时，由于滚子轴承中主要元件间为线接触，宜用于承受较大的载荷，而球轴承中主要为点接触，宜用于承受较小或中等的载荷，故轴承尺寸相同的情况下，滚子轴承的承载能力比球轴承的大。有冲击载荷时宜选用滚子轴承。

当轴承内径小于 20mm 时，球轴承与滚子轴承的承载能力差别不大，应优先选用球轴承。

根据载荷的方向选择轴承类型时，对于纯径向载荷，一般选用向心轴承，如深沟球轴承、圆柱滚子轴承和滚针轴承。对于纯轴向载荷，一般选用推力轴承；较小的纯轴向载荷可选用推力球轴承；较大的纯轴向载荷可选用推力滚子轴承。当轴承在承受径向载荷的同时还承受不太大的轴向载荷时，可选用深沟球轴承、接触角较小的角接触轴承或圆锥滚子轴承；如果轴向载荷较大，则可选用接触角较大的角接触轴承或圆锥滚子轴承，或选用向心轴承和推力轴承的组合，分别承担径向载荷和轴向载荷。

采用角接触球轴承和圆锥滚子轴承时，需成对使用，对称安装。

2. 轴承的转速

由于轴承转速对其寿命有显著影响，因此在滚动轴承标准中规定了轴承的极限转速，轴承的工作转速不得超过其极限转速。

如果滚动轴承的极限转速不能满足工作要求，可采取提高轴承精度、适当加大间隙、改善润滑和冷却条件等措施来提高极限转速。

3. 自动调心性能

各类轴承使用时，其内、外圈轴线间的倾斜角应控制在允许角偏差之内，否则会增大轴承衬的附加载荷而降低寿命。当两轴承座孔轴线不对中或由于加工、安装误差和轴挠曲变形大等原因使轴承内、外圈倾斜角较大时，如图 7-32 所示，均宜选用调心轴承。

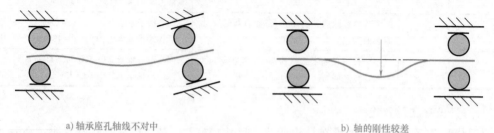

a) 轴承座孔轴线不对中　　　　　　　　　b) 轴的刚性较差

图 7-32　产生角偏差的几个情况

调心轴承要成对使用，且装在轴的两端，否则会丧失调心作用。

4. 安装要求

在要求安装和拆卸方便的场合，常选用内、外圈能分离的可分离型轴承，如圆锥滚子轴承和圆柱滚子轴承等。

5. 经济性

通常外廓尺寸接近时，球轴承比滚子轴承价格低，而深沟球轴承价格最低；公差等级越高，价格也越高，因此选用高等级轴承应特别慎重。

六、滚动轴承的失效形式

滚动轴承在通过轴线的轴向载荷 F 作用下，可认为各滚动体承受的载荷是相等的。当轴承承受纯径向载荷 F_r 作用时，假设轴承内、外圈不变形，那么内圈沿 F_r 方向下降 δ，这时，轴承上半圈的滚动体不承载，而下半圈的滚动体承受不同的载荷。如图 7-33 所示，处于 F_r 作用线最下位置的滚动体承载最大，而远离作用线的滚动体，其承载逐渐减小。

滚动轴承的失效形式主要有：

（1）疲劳点蚀 滚动轴承在工作过程中，滚动体相对内圈（或外圈）不断地转动，因此滚动体与滚道接触表面上任一点处的接触应力都可看作脉动循环应力，当脉动循环应力的循环次数达到一定数值时，滚动体或滚道表面将形成疲劳点蚀，从而产生噪声、振动和发热现象，致使轴承失去运动精度。通常，疲劳点蚀是滚动轴承的主要失效形式。

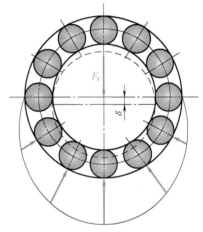

图 7-33 轴承径向载荷的分布

（2）塑性变形 当滚动轴承转速很低或只做间歇摆动时，一般不会产生疲劳点蚀，但若承受过大的静载荷或冲击载荷作用，则滚动体和滚道接触处的局部应力可能超过材料的屈服强度而产生塑性变形，使轴承在运转中产生剧烈的振动和噪声，致使轴承不能正常工作而失效。对于转速很低或重载、大冲击条件下工作的轴承，塑性变形为其主要失效形式。

（3）磨损 密封不可靠、润滑剂不洁净，或在多尘环境下，轴承极易发生磨粒磨损而失效。如果润滑不充分，还可能发生黏着磨损，并引起表面发热、胶合。速度越高，发热及黏着磨损越严重。

七、滚动轴承的寿命

在脉动循环变化的接触应力作用下，轴承中任何一个元件出现疲劳点蚀以前运转的总转数，或一定转速下工作的小时数，称为轴承的寿命。

一批相同的轴承在相同的条件下运转，其中 90% 的轴承在疲劳点蚀前能达到的总转数，或在一定转速下工作的小时数，称为基本额定寿命。

八、滚动轴承的设计准则

针对滚动轴承的三种失效形式进行相应的计算，并采取适当措施，以保证轴承的正常工作。

1）对于低速（$n \leqslant 10\text{r/min}$）或做间歇摆动的轴承，最主要的失效形式是塑性变形，应以不发生塑性变形为准则进行静强度计算，并校核寿命。

2）对于一般转速（$10\text{r/min} < n < n_{\lim}$）的轴承，最主要的失效形式是疲劳点蚀，因此应

以疲劳强度计算为依据进行轴承的寿命计算。

3）对于高速轴承，除疲劳点蚀外，其工作表面的过热也是重要的失效形式，因此除需进行寿命计算外，还需校核其极限转速。

九、滚动轴承的润滑和密封

1. 滚动轴承的润滑

润滑的主要目的是减小摩擦与减轻磨损，并有散热作用，同时有吸振、防锈和减少噪声的效果。

常用滚动轴承的润滑剂有润滑油和润滑脂两种，可根据轴承内径 d（单位为 mm）与轴承的转速 n（单位为 r/min）的乘积 dn 值确定润滑剂，见表 7-9。

表 7-9　滚动轴承常用润滑方式

轴承类型	$dn/(10^4 mm \cdot r/min)$				
	润滑脂润滑	油浴润滑	滴油润滑	喷油润滑	油雾润滑
深沟球轴承	16	25	40	60	>60
角接触球轴承	16	25	40	60	>60
圆柱滚子轴承	12	25	40	60	>60
圆锥滚子轴承	10	16	23	30	—
调心滚子轴承	8	12	—	25	—
推力球轴承	4	6	12	15	—

（1）润滑油润滑　润滑油主要用于转速较高或工作温度较高的轴承。其主要优点是摩擦阻力小，散热效果好；缺点是易于流失，因此要保证轴承在工作时有充分的供油。

润滑油的主要性能指标是黏度。转速较高时，应选用黏度较低的润滑油；载荷较大时，应选用高黏度的润滑油。可根据轴承的工作温度、dn 值以及当量动载荷来确定润滑油。

常见的润滑方式有油浴润滑、滴油润滑和喷油润滑等。

1）油浴润滑。把轴承局部浸入在润滑油中，当轴承静止时，油面应不高于最低滚动体的中心，如图 7-34 所示。此方法不适于高速，因为搅动油液剧烈时会造成很大的能量损失，导致油液和轴承严重过热。

2）滴油润滑。滴油润滑适用于需要定量供应润滑油的轴承部件，滴油量应适当控制，过多的油量将引起轴承温度的升高。为使滴油通畅，常使用黏度较小（黏度等级不高于 15）的润滑油。

3）喷油润滑。喷油润滑适用于转速高、载荷大、要求润滑可靠的轴承。利用油泵将润滑油增压，通过油管或机壳内特制的油孔，经喷嘴将油喷射到轴承中去，流过轴承后的润滑油，经过过滤、冷却后再循环使用。为了保证润滑油能进入高速转动的轴承，喷嘴应对准内圈和保持架之间的间隙。

（2）润滑脂润滑　润滑脂的优点是不易流失，便

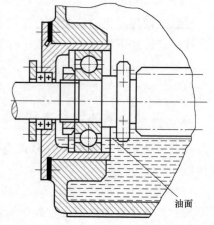

油面

图 7-34　油浴润滑

于密封和维护，充填一次可运转较长时间；缺点是摩擦阻力较大，不利于散热。润滑脂常常采用人工方式定期更换，润滑脂的加入量一般应是轴承空隙体积的 1/3~1/2。

2. 滚动轴承的密封

密封的作用是保护轴承不受外界有害物质的侵入，同时防止润滑剂外流。密封方法的选择与润滑剂的种类、工作环境、温度及密封表面的圆周速度有关。常用的密封装置分为两大类：接触式密封和非接触式密封。

接触式密封是在转动轴与轴承盖有相对运动处填放密封材料，使之与转动轴的表面直接接触而起到密封作用。常用的接触式密封为毛毡圈密封和密封圈密封。工作时，非接触式密封装置的转动件与固定件之间不接触，因而可用于高速。常用非接触式密封为间隙密封和迷宫式密封。有时为了充分发挥不同密封的优点，常把两类密封组合在一起使用。滚动轴承的密封方式、特点及适用场合见表 7-10。

表 7-10 滚动轴承的密封方式、特点及适用场合

密封类型		图例	特点及适用场合
接触式密封	毛毡圈密封		将矩形截面的毛毡圈安装在梯形槽内，利用轴与毛毡圈的接触压力形成密封 主要用于脂润滑，工作环境比较干净的轴承密封，接触处轴颈圆周速度 $v \leqslant 5\text{m/s}$，工作温度不超过 90℃
	密封圈密封	a) b)	密封圈用皮革、塑料或耐油橡胶制成，有的具有金属骨架。密封圈是标准件。图 a 密封唇朝里，目的是防止漏油；图 b 密封唇朝外，主要目的是防止灰尘、杂质进入 用于脂润滑或油润滑，接触处轴颈圆周速度 $v < 7\text{m/s}$，工作温度范围为 $-40 \sim 100$℃
非接触式密封	间隙密封		在轴和端盖间设置 0.1~0.3mm 的顶隙而获得密封。间隙越小，密封效果越好。若同时在端盖上制出几个环形槽，并填充润滑脂，可提升密封效果 适用于干燥清洁环境、脂润滑轴承
	迷宫式密封	a) b)	利用端盖和轴套间形成的曲折间隙获得密封。图 a 为径向迷宫式，图 b 为轴向迷宫式。顶隙取 0.1~0.2mm，轴向间隙取 1.5~2mm。应在间隙中填充润滑脂以提升密封效果 用于脂润滑或油润滑。适用于比较脏的环境

（续）

密封类型	图例	特点及适用场合
组合密封		可采用毛毡圈密封与间隙密封组合、毛毡圈密封与迷宫式密封组合等 适用于脂润滑或油润滑

十、滚动轴承的画法

滚动轴承是标准部件，不需要画出其零件图，只要在装配图上根据外径 D、内径 d 和宽度 B 等几个重要尺寸，按比例采用规定画法或特征画法即可。当需要较详细地表达滚动轴承的主要结构时，可采用规定画法，否则可采用特征画法。常用滚动轴承的规定画法和特征画法见表 7-11。

表 7-11　常用滚动轴承的规定画法和特征画法（摘自 GB/T 4459.7—2017）

名称和代号	查表所得 主要数据	画法	
		规定画法	特征画法
深沟球轴承 60000	D d B		
单列圆锥滚子轴承 30000	D d B T C		

（续）

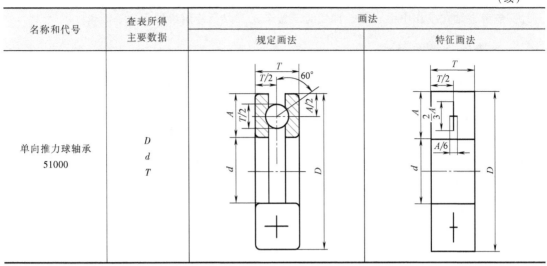

名称和代号	查表所得主要数据	画法	
		规定画法	特征画法
单向推力球轴承 51000	D d T		

第四节　滚动轴承和滑动轴承的性能比较

滚动轴承与滑动轴承的性能比较见表 7-12。

表 7-12　滚动轴承与滑动轴承的性能比较

性能	滚动轴承	滑动轴承	
		不完全液体润滑	液体加压轴承
一对轴承的效率	0.99	0.97	0.995
工作速度	低、中速	低速	中、高速
承受冲击载荷的能力	较差	较好	好
起动时的摩擦阻力	很小	较大	较大
噪声	较大	不大	基本无噪声
旋转精度	较高	低	高
外廓尺寸	径向大、轴向小	径向小、轴向大	
安装精度要求	安装精度高	剖分式结构，易于装拆	
		安装精度不高	安装精度高
使用寿命	有限	有限	长
维护要求	对灰尘敏感，润滑较简单，维护方便，润滑剂消耗少	不需要密封，但要有润滑装置，润滑剂消耗多	不需要密封，但要经常检查润滑装置，油质应洁净
其他	更换方便，是标准件，种类多，价格便宜	需要经常修复或更换轴瓦或修复轴	价格较高

第五节　滚动轴承的组合设计

为保证轴承在机器中正常工作，除合理选择轴承类型、尺寸外，还应合理安排轴、轴上零件、轴承与机座之间的关系，以保证各个零件在工作中的位置不变，即不能沿轴向窜动；同时又应考虑轴在工作中由于受热伸长时不致卡死，以及使用维护方便等因素。

一、滚动轴承的固定

滚动轴承的固定主要有两端单向固定和一端双向固定、一端游动两种形式。

1. 两端单向固定

如图 7-35 所示，轴两端支承的轴承各自限制轴一个方向的轴向移动，它们结合起来就限制了两个方向的轴向移动，这种固定方式称为两端单向固定。从图 7-35a 可以看出，当轴受到从左向右的轴向载荷时，轴会产生向右运动的趋势，右端轴承旁的轴肩将运动传递给右端轴承的内圈，再通过滚动体、轴承外圈，将运动传递给轴承端盖，轴承端盖通过螺钉固定在机体上，从而限制了整个轴系向右运动；同理，左端轴承和左端轴承端盖限制整个轴系向左运动。

这种组合形式适用于温度变化不大或较短的轴，即受热伸长量较小的场合。考虑到轴因受热而伸长，可采用预留间隙的方法，如图 7-35b 所示，选用深沟球轴承时，利用加厚调整垫片的方法，使轴承外圈端面与轴承端盖之间预留间隙 $\delta = 0.25 \sim 0.4\text{mm}$，从而保证轴不会被卡住。当选用圆锥滚子轴承时，由于圆锥滚子轴承的外圈与滚动轴承元件可分，预留间隙存在于轴承的内部，而轴承外圈与端盖之间就不存在间隙了。

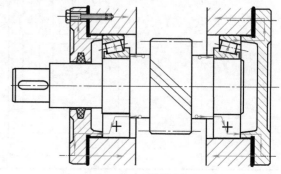

a) 圆锥滚子轴承

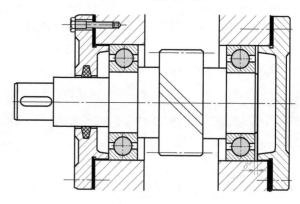

b) 深沟球轴承

图 7-35　两端单向固定

2. 一端双向固定、一端游动

图 7-36 中左端支承限制轴系在左右两个方向的移动，称为双向固定支座；右端支承可以沿轴向左右移动，称为游动支座。一般取承载较小的轴承作为游动支承。

由图 7-36 可见，当轴受到向右的载荷时，轴将产生从左向右的轴向运动，圆螺母将运动传给左端轴承内圈，再经滚动体、轴承外圈，将运动传递到机座，限制了轴向右的移动；当轴受到向左的载荷时，轴将产生从右向左的轴向运动，左端轴承旁的轴肩将运动传递给左端轴承内圈，再经滚动体、轴承外圈、套筒、左端轴承端盖，将运动传递到机座，限制了轴向左的移动。这种组合形式适用于温度变化较大或较长的轴。

二、轴承的装拆

进行轴承结构组合设计时必须考虑轴承的装拆问题，不正确的安装和拆卸会降低轴承的

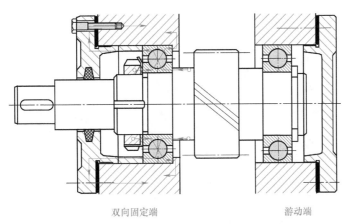

双向固定端 游动端

图 7-36 一端双向固定、一端游动

寿命。一般情况下，轴承内圈孔径与轴颈配合较紧，轴承外圈与轴承座孔配合较松。安装时，可先把轴承压套到轴颈上，然后将轴和轴承一起装入轴承座孔中。为了不损伤轴承的精度，安装时压力应施加在轴承内圈上，如图 7-37a 所示，用软锤轻敲使轴承内圈缓慢地套在轴颈上，轴承端面应与轴线垂直。当轴承外圈与轴承座孔的配合比轴承内圈与轴颈的配合紧时，可先把轴承压到轴承座孔内，然后再装入轴颈。当轴承内、外圈都采用较紧的配合时，则应轴承内、外圈同时压装，如图 7-37b 所示。

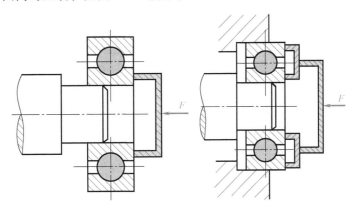

a) 轴承内圈过盈配合　　　　　　b) 轴承内圈、外圈均过盈配合

图 7-37 轴承的装配

　　分离型的轴承，如圆锥滚子轴承和圆柱滚子轴承，内、外圈可分别与轴颈和轴承座孔安装。

　　拆卸轴承时，不应损坏轴承及与其相配合的零件。对于内圈与轴颈配合较紧，外圈与轴承座孔配合较松的轴承，可先将轴承和轴一起从轴承座孔中卸出，然后再从轴上拆下轴承。

　　图 7-38 所示为常用的轴承拆卸工具。图 7-39 为用拉拔器拆卸轴承的示意图。从图 7-39 可以看出，为了便于轴承的拆卸，轴承轴向定位轴肩的高度必须满足轴承拆卸要求。如果轴肩高度不够，可在轴肩上开沟，以便拆卸工具的钩头可以勾住轴承内圈，如图 7-40 所示。

　　拆卸轴承外圈时，需要在轴承座孔凸肩留出拆卸高度 h_1，如图 7-41a 所示，或在壳体上做出能放置拆卸螺钉的螺纹孔或拆装槽，如图 7-41b、c 所示。

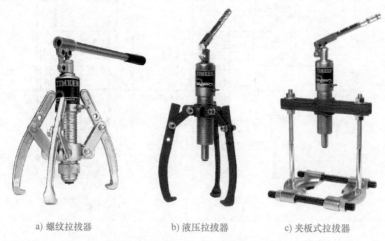

a) 螺纹拉拔器　　　　　b) 液压拉拔器　　　　　c) 夹板式拉拔器

图 7-38　常用的轴承拆卸工具

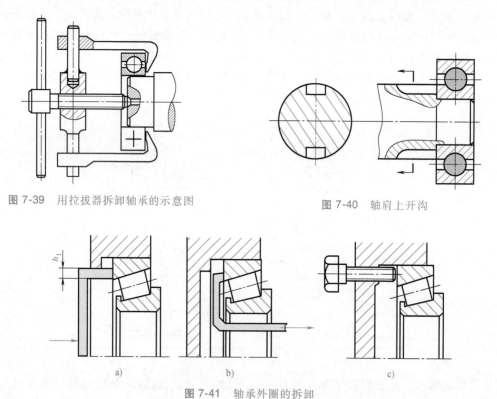

图 7-39　用拉拔器拆卸轴承的示意图　　　　　图 7-40　轴肩上开沟

a)　　　　　　　　b)　　　　　　　　c)

图 7-41　轴承外圈的拆卸

【课堂讨论】：对于一般转速的轴承来说，为什么其主要失效形式是疲劳点蚀？

本 章 小 结

- 按轴的承载情况，轴可分为转轴、传动轴和心轴；按轴线的形状，轴可分为直轴、曲轴和挠性钢丝轴。直轴又分为阶梯轴和光轴，一般机器中的轴大多为阶梯轴。

- 轴的失效形式为断裂或变形过大。
- 设计轴的结构时，需合理选择轴上零件的轴向定位及固定与周向定位及固定的方法。
- 按工作的摩擦性质，轴承分为滑动轴承和滚动轴承。两者适用于不同的工作场合，一般机器中多采用滚动轴承。
- 滚动轴承为标准件，选择滚动轴承的主要依据是：轴承所受工作载荷的大小、方向与性质；转速和回转精度要求；调心功能；安装空间大小、装拆方便程度及经济性等。
- 滚动轴承的主要失效形式是疲劳点蚀，一般以疲劳强度计算为依据进行轴承的寿命计算。
- 滑动轴承和滚动轴承的合理润滑是保证轴承寿命的重要因素。
- 轴承与轴的正确组合设计，直接影响轴承工作精度、寿命和性能。

拓 展 阅 读

◆ 轴承发展史

讲到轴承的起源，可以追溯到公元前 2580 年古埃及修建吉萨大金字塔的时候，在修建过程中，古埃及人在撬板下放置一排木杆，利用木杆的滚动使重物移动。现代直线运动轴承使用的是同一种工作原理，只不过有时用球代替滚子。

后来人们发现用直径大的木轮运输速度更快，于是木轮的直径越来越大，逐渐演变成带轴的轮子，便形成了最早的车轮雏形。车轮是我们中华民族的发明，在距今 4700 多年的黄帝时期，出现了人类历史上第一部车辆。到了 2700 多年前的春秋时期，已经发明了车轴的润滑剂。距今 2000 多年的周、秦、汉朝对轴承技术的发明和应用更加广泛，后来出现了"轴受"。秦汉时期的"轴受"具备内腔结构，可以放置滚子，这种"轴受"被认为是人类制造的初代滚动轴承。

最早投入使用的带有保持架的滚动轴承是钟表匠约翰·哈里森于 1760 年为制作 H3 计时器而发明的。17 世纪，伽利略对"固定球"或者"笼装球"的球轴承做过最早的描述。但在随后相当长的时间里，在机器上安装轴承的设想一直没有实现。直到 1794 年，第一个关于球沟道的专利诞生，威尔士卡马森的一个叫菲利普·沃恩的铁器制造商用滚珠轴承作为四轮马车的车轴轴承，从那时起直到 19 世纪五六十年代，人们将滚珠轴承广泛使用在儿童玩的旋转木马、螺旋桨轴、军舰上的机枪转塔、扶手椅和自行车等器械的轴上。

1883 年，FAG 创始人弗里德里希·费舍尔提出了使用合适的生产机器磨制大小相同、圆度准确的钢球的主张，这奠定了创建独立轴承工业的基础。1895 年，亨利·铁姆肯设计出第一个圆锥滚子轴承，三年后获得了专利并成立铁姆肯（Timken）公司。1907 年，SKF 轴承工厂的斯文·温奎斯特设计了最早的现代自调心球轴承。两次世界大战刺激了军事工业、机械工业的发展，轴承的品种增加，并广泛用于汽车、飞机、坦克装甲、机床、仪器仪表、自行车和缝纫机等众多领域。

近几十年来，随着航空航天、核电工业、电子计算机、光电磁仪器和精密机械等高新技术的飞速发展，体现当代科学技术水平的世界轴承工业进入了一个全面革新制造技术，迅速发展品种，大力提高性能、精度，日益成熟完善的历史新时期。这个时期轴承品种应有尽有，用途包罗万象，目前轴承品种数以万计，特大型轴承大到 38m，微型轴承小到零点几毫米。

思考题与习题

7-1 同时承受转矩和弯矩的轴称为_____，只传递转矩而不承受弯矩或弯矩很小的轴称为_____，只承受弯矩而不承受转矩的轴称为_____。

7-2 在图 7-42 所示起重装置传动系统中，I～V轴各是哪种类型的轴？

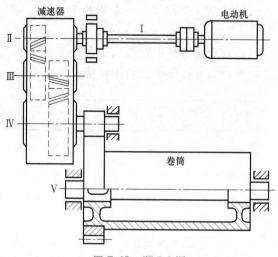

图 7-42 题 7-2 图

7-3 轴上零件的轴向固定和周向固定的常用方法有哪些？各适用于什么场合？

7-4 根据轴承工作的摩擦性质，轴承可分为_____轴承和_____轴承。

7-5 滑动轴承适用于哪些场合？

7-6 滑动轴承一般由哪几部分组成？

7-7 滑动轴承的主要失效形式有哪些？

7-8 滚动轴承由_____、_____、_____和_____组成。

7-9 根据接触角的大小，滚动轴承可分为_____和_____。

7-10 轴承 6210 的内径为_____ mm。

7-11 选择滚动轴承类型时，需要考虑哪些因素？

7-12 滚动轴承的主要失效形式有哪些？

7-13 什么是滚动轴承的基本额定寿命？

7-14 滚动轴承常见的润滑方式有哪些？

7-15 滚动轴承有哪些密封方式？

7-16 从你身边找几个滚动轴承的应用实例，并说明滚动轴承的类型，以及为何采用此类滚动轴承。

参 考 文 献

[1] 郭卫东. 机械原理 [M]. 2 版. 北京：科学出版社，2013.

[2] 于靖军. 机械原理 [M]. 北京：机械工业出版社，2013.

[3] 张策. 机械原理与机械设计：上册 [M]. 3 版. 北京：机械工业出版社，2018.

[4] 张策. 机械原理与机械设计：下册 [M]. 3 版. 北京：机械工业出版社，2018.

[5] 邱宣怀. 机械设计 [M]. 4 版. 北京：高等教育出版社，1997.

[6] 吴瑞祥，王之栎，郭卫东，等. 机械设计基础：下册 [M]. 2 版. 北京：北京航空航天大学出版社，2005.

[7] 杨可桢，程光蕴，李仲生，等. 机械设计基础 [M]. 6 版. 北京：高等教育出版社，2013.

[8] 蒋丽敏. 机械基础 [M]. 北京：国防工业出版社，1995.

[9] 王之栎，马纲，陈新颐. 机械设计 [M]. 北京：北京航空航天大学出版社，2011.

[10] 陈文凤. 机械工程材料 [M]. 北京：北京理工大学出版社，2018.

[11] 封金祥，闫夏. 机械工程材料 [M]. 北京：北京理工大学出版社，2016.

[12] 文九巴. 机械工程材料 [M]. 2 版. 北京：机械工业出版社，2009.

[13] 孙桓，陈作模，葛文杰. 机械原理 [M]. 8 版. 北京：高等教育出版社，2013.

[14] 濮良贵，陈国定，吴立言. 机械设计 [M]. 9 版. 北京：高等教育出版社，2013.

[15] 刘苏，段丽玮，贾皓丽. 工程制图基础教程 [M]. 北京：科学出版社，2010.

[16] 周平，田于财. 机械制图 [M]. 重庆：重庆大学出版社，2015.

[17] 刘雅荣. 机械制图 [M]. 2 版. 北京：北京理工大学出版社，2018.

[18] 谢黎明，邢冠梅，吴冬霞. 机械原理与设计 [M]. 上海：同济大学出版社，2015.

[19] 李世一，吴海艳，方春慧. 机械设计基础 [M]. 北京：北京理工大学出版社，2017.

[20] 秦大同. 机械传动科学技术的发展历史与研究进展 [J]. 机械工程学报，2003，39（12）：37-43.

[21] 史晓君，封金祥，王大卫. 机械设计基础 [M]. 北京：北京理工大学出版社，2016.

[22] 郭平. 机械设计基础 [M]. 北京：北京理工大学出版社，2017.

[23] 刘荣珍，赵军. 机械制图 [M]. 3 版. 北京：科学出版社，2018.